マリタイムカレッジシリーズ

商船学の数理
基礎と応用

商船高専キャリア教育研究会 編

KAIBUNDO

■執筆者一覧

CHAPTER 1　山口伸弥（大島商船高等専門学校）
CHAPTER 2　二村　彰（弓削商船高等専門学校）
CHAPTER 3　笹　健児（神戸大学）
CHAPTER 4　笹　健児
CHAPTER 5　笹　健児
CHAPTER 6　笹　健児
CHAPTER 7　鎌田功一（鳥羽商船高等専門学校）
CHAPTER 8　千葉　元（富山高等専門学校）
コラム　　　山口伸弥〔p.26〕

■編集幹事

清水聖治（大島商船高等専門学校）

まえがき

　本書は，商船学を学ぶ学生が専門科目を理解する上で必須となる数理の基礎事項について，一般科目の数学や物理でカバーしきれていない点を補完でき，関係する部分を一貫して取り扱うことにより理解を深めることができる教科書を目指した。小中学生の基礎学力の低下が叫ばれて久しいが，各商船高等専門学校においても学校として，また学科として，低学年向けの補習授業などの取り組みが行われている。本書は，五校の教員による指導の経験や資料を持ち寄って構成してある。

　富山高等専門学校が実施した専門科目と一般科目（理数系）の関連性の調査によると，最も重要となる項目は三角関数，ベクトル，物理単位の換算などであることが明らかとなった。CHAPTER 1 から 6 まではとくにこれらに重点を置き，また，CHAPTER 7 と 8 においては応用として，主に船舶の運動，振動現象などを解説する。

　一貫して，説明のための対象を精選し，入学直後の初学者が，将来勉学を深めてゆく商船学の方向性を意識でき，また，基礎から無理なく学習を進めることができる平易な説明を行った。各章には例題を多く配し，習得の助けとなるよう適切な練習問題をつけた。高学年になっても，各科目の教科書と共に使い続けてもらえるなら，これに勝る喜びはない。

　なお，「1.12 関数電卓の使い方」の執筆においてはカシオ計算機株式会社のご協力を頂いた。また，本書の出版に当たり，海文堂出版編集部の岩本氏には多大なご助力を頂いた。末筆ながら，ここに感謝の意を表したい。

目　　次

執筆者一覧　…………………………………………………………………………… *2*
まえがき　………………………………………………………………………………… *3*

CHAPTER 1　基礎数学　………………………………………………………… *11*

1.1　整数の計算　……………………………………………………… *11*
（1）　加算　……………………………………………………… *12*
（2）　減算　……………………………………………………… *12*
（3）　乗算　……………………………………………………… *12*
（4）　除算　……………………………………………………… *12*

1.2　文字式の計算　…………………………………………………… *12*
（1）　分配法則　………………………………………………… *12*
（2）　展開公式　………………………………………………… *13*
（3）　文字式の加算と減算　…………………………………… *13*
（4）　文字式の乗算と除算　…………………………………… *13*

1.3　分数，パーセント，小数の計算　……………………………… *13*
（1）　分数　……………………………………………………… *13*
（2）　繁分数　…………………………………………………… *15*
（3）　パーセント（割合）　…………………………………… *15*
（4）　小数　……………………………………………………… *16*
（5）　有効数字の桁数　………………………………………… *16*

1.4　指数　……………………………………………………………… *18*
（1）　指数法則　………………………………………………… *18*
（2）　指数の計算　……………………………………………… *18*
（3）　指数法則の計算　………………………………………… *19*

1.5　平方根と累乗根　………………………………………………… *19*

		(1) 平方根の基本 ……………………………………	*19*
		(2) 平方根の計算 ……………………………………	*20*
		(3) 累乗根 …………………………………………	*20*
	1.6	複素数 …………………………………………………	*21*
	1.7	対数（常用対数と自然対数）…………………………	*23*
		(1) 対数法則 …………………………………………	*23*
		(2) 対数の公式 ………………………………………	*24*
		(3) 常用対数 …………………………………………	*24*
		(4) 両対数グラフ，片対数グラフ …………………	*24*
		(5) 自然対数 …………………………………………	*25*
	1.8	方程式 …………………………………………………	*27*
		(1) 1次方程式 ………………………………………	*27*
		(2) 連立方程式 ………………………………………	*27*
		(3) 2次方程式 ………………………………………	*28*
	1.9	面積と体積 ……………………………………………	*30*
		(1) 面積の公式 ………………………………………	*30*
		(2) 体積の公式 ………………………………………	*31*
	1.10	微分と積分 ……………………………………………	*31*
		(1) 微分 ………………………………………………	*31*
		(2) 積分 ………………………………………………	*34*
		(3) 微分と積分の関係 ………………………………	*35*
	1.11	ギリシャ文字 …………………………………………	*37*
	1.12	関数電卓の使い方 ……………………………………	*38*
		(1) 関数電卓の基本的な機能 ………………………	*38*
		(2) 関数電卓の基本的な計算 ………………………	*43*
CHAPTER 2	単位	…………………………………………………………	*47*
	2.1	量と単位 ………………………………………………	*47*
	2.2	国際単位系（SI）……………………………………	*47*
	2.3	量記号と単位記号 ……………………………………	*50*

- 2.4 次元 …… 51
- 2.5 長さ …… 51
- 2.6 面積 …… 51
- 2.7 体積 …… 52
- 2.8 時間 …… 52
- 2.9 平面角（度・分・秒）…… 52
- 2.10 速さ …… 53
- 2.11 加速度 …… 54
- 2.12 質量 …… 54
- 2.13 密度 …… 54
- 2.14 力 …… 55
- 2.15 圧力 …… 56
- 2.16 応力 …… 56
- 2.17 仕事 …… 57
- 2.18 仕事率 …… 57
- 2.19 電流 …… 58
- 2.20 電圧 …… 58
- 2.21 抵抗 …… 59
- 2.22 オームの法則 …… 59

CHAPTER 3　三角比の基本定理 …… 65

- 3.1 三角比の定義 …… 65
- 3.2 角度の定義 …… 67
- 3.3 三角比の性質 …… 69
- 3.4 余弦定理と正弦定理 …… 73
- 3.5 三角比からの角度の導出 …… 74
- 3.6 三角比に関するその他の公式 …… 76

| CHAPTER 4 | 三角比を使用した問題 | 79 |

CHAPTER 5	座標系と座標変換	85
	5.1 三角関数の定義と座標表示	85
	5.2 三角関数における角度の求め方	90
	5.3 極座標（船舶における座標系）	93
	5.4 直交座標と極座標の関係	94

CHAPTER 6	相対関係とベクトル	101
	6.1 相対的な位置関係	101
	6.2 ベクトル表現	103
	6.3 相対速度	104

CHAPTER 7	船舶の運動現象の数式化	115
	7.1 運動の基礎	115
	(1) 運動の法則	115
	(2) 速さと速度	116
	(3) 加速度	118
	(4) 円運動	121
	7.2 喫水とトリム	123
	(1) 浮力と喫水	123
	(2) 力のモーメント	126
	(3) トリムとモーメント	129
	7.3 船の操縦性指数	135
	(1) K：旋回性指数	135
	(2) T：追従性指数	136

| CHAPTER 8 | 周期的な振動 | 141 |
| | 8.1 線形1階微分方程式による増大・減衰系現象の理解 | 141 |

		(1)	積分因数法による基本式の解法 …………………	*141*
		(2)	直流 RC，RL 回路における過渡現象の解法 ………	*142*
		(3)	線形 1 階微分方程式の応用例 1： 船舶用レーダにおける FTC ………………………	*148*
		(4)	線形 1 階微分方程式の応用例 2： 船舶の保針・操縦性の評価への応用 …………………	*150*
	8.2	線形 2 階微分方程式による減衰・振動系現象の理解 …	*150*
		(1)	力学的振動系の基本式の解法 ………………………	*150*
		(2)	斉次方程式の解法 …………………………………	*151*
		(3)	非斉次方程式の解法 ………………………………	*159*
		(4)	線形 2 階微分方程式の応用例 1：静水中の船舶動揺 …	*162*
		(5)	線形 2 階微分方程式の応用例 2：LRC 共振回路 ………	*164*

問題の解答 ……………………………………………………………… *169*
参考文献 ………………………………………………………………… *193*
索引 ……………………………………………………………………… *195*

〔コラム〕 対数の身近な使用例「マグニチュード」 ……………………………… *26*

CHAPTER 1

基礎数学

この章では，商船学を学ぶにあたり必要となる，中学校から高校，高専で習う数学の基礎的な部分について確認を行う。解説は極力省略しているため，必要に応じて，読者の持っている教科書や参考書などを参考にしてほしい。

1.1 整数の計算

＋や－の記号は方向や状態を表す。図 1.1 のように数直線上で考えてみる。

②の 8+(-3) の場合，8 からマイナス方向に 3 進む。よって 5 となる。

③の (-3)-(-5) の場合，-3 からマイナス方向と反対方向に 5 進む。よって 2 となる。

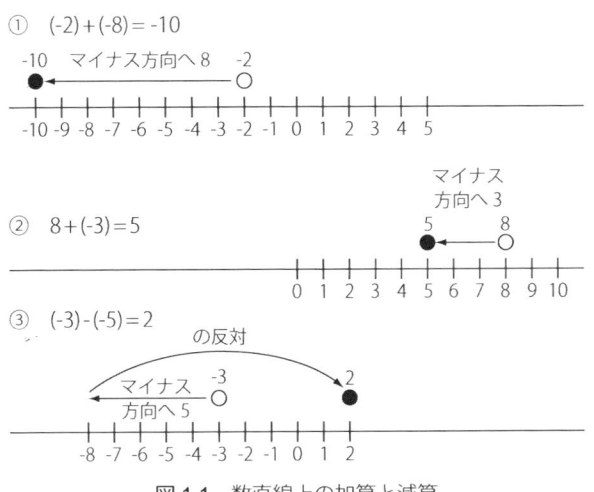

図 1.1　数直線上の加算と減算

(**1**) 加算

問題 1-1 次の計算をしなさい。
① $(-5)+(-6)$　　② $(-6)+(-7)$　　③ $0+(-7)$
④ $(-7)+3$　　⑤ $(-3)+8+(-2)$　　⑥ $(-4)+6+9$

(**2**) 減算

問題 1-2 次の計算をしなさい。
① $12-3$　　② $3-(+6)$　　③ $(-3)-(-8)$
④ $2-5$　　⑤ $(-4)-7-5$　　⑥ $(-8)-3-2$

(**3**) 乗算

問題 1-3 次の計算をしなさい。
① 7×9　　② $(-6)\times(-7)$　　③ $(-3)\times 4$　　④ $7\times(-4)$

(**4**) 除算

問題 1-4 次の計算をしなさい。
① $6\div 3$　　② $(-21)\div(-7)$　　③ $(-9)\div 3$　　④ $32\div(-4)$

1.2　文字式の計算

(**1**) 分配法則

① $A(B+C)=AB+AC$
② $(A+B)C=AC+BC$

（2） 展開公式

① $(a+b)^2 = a^2 + 2ab + b^2$
② $(a-b)^2 = a^2 - 2ab + b^2$
③ $(a+b)(a-b) = a^2 - b^2$
④ $(x+a)(x+b) = x^2 + (a+b)x + ab$
⑤ $(ax+b)(cx+d) = acx^2 + (ad+bc)x + bd$

（3） 文字式の加算と減算

問題 1-5　次の計算をしなさい。

① $4x + 8x$ 　　　② $6x - 5x$ 　　　③ $8x + x$
④ $7x + 4 - 8x + 6$ 　　　⑤ $3x - 4 + 7x - 9$ 　　　⑥ $-4x - 8 + 3x + 4$
⑦ $8x - 6 + (3x + 2)$ 　　　⑧ $-2x - 3 + (4x + 3)$ 　　　⑨ $3x + 6 - (5x - 3)$
⑩ $-3x - 7 - (8x - 3)$

（4） 文字式の乗算と徐算

問題 1-6　次の計算をしなさい。

① $4(3x + 5y)$ 　　　② $4(2x - 8y)$ 　　　③ $-6(7x + 3y)$
④ $-6(5a - 2b)$ 　　　⑤ $(7a - 3b) \times 2$ 　　　⑥ $(8a - 2b) \div 2$
⑦ $(-12x + 3y) \div (-3)$ 　　　⑧ $-4x + 20y \div 4$ 　　　⑨ $-(9a - 6b) \div 3$
⑩ $-3(8a - 4b) \div 6$

1.3　分数, パーセント, 小数の計算

（1） 分数

$\frac{3}{4}$ があるとき，分数の上にくる数字（ここでは 3）を分子，分数の下に来る数字（ここでは 4）を分母という。

◆分数の意味

① 除算…$\frac{3}{4}$ は $3 \div 4$ を表す。

② 乗算…$\frac{3}{4}$ は $3 \times \frac{1}{4}$ を表す。

③ 1 より小さな数字を正確に表す。$\frac{1}{3} = 1 \div 3 = 0.333\ldots$

④ 比…$\frac{3}{4}$ は $3:4$ を表す。

◆分数の計算

① 通分…加算と減算では分母を同じ数字にして計算をする。

$$\frac{3}{4}+\frac{5}{8}=\left(\frac{3}{4}\times\frac{2}{2}\right)+\frac{5}{8}=\frac{6}{8}+\frac{5}{8}=\frac{6+5}{8}=\frac{11}{8}$$

$$\frac{3}{4}-\frac{5}{8}=\left(\frac{3}{4}\times\frac{2}{2}\right)-\frac{5}{8}=\frac{6}{8}-\frac{5}{8}=\frac{6-5}{8}=\frac{1}{8}$$

② 約分…分母と分子を同じ数字で割って，できるだけ分母の数字を小さくすること。

$\frac{6}{8}$ の場合，分母と分子を 2 で割って $\frac{6}{8} \div \frac{2}{2} = \frac{3}{4}$ にする。

③ 乗算…分子どうし，分母どうしを掛け合わせる。その後，必要に応じて約分をする。

$$\frac{3}{4}\times\frac{2}{3}=\frac{6}{12}=\frac{1}{2}$$

④ 除算…割るほうの分子と分母を入れ替えて乗算をする。

$$\frac{3}{4}\div\frac{2}{3}=\frac{3}{4}\times\frac{3}{2}=\frac{9}{8}$$

問題 1-7 次の計算をしなさい。

① $6 \times \left(-\dfrac{7}{3}\right)$ ② $\dfrac{8}{4} \times (-12)$ ③ $\left(-\dfrac{3}{8}\right) \times (-4)$

④ $\left(-\dfrac{5}{6}\right) \div \dfrac{3}{4}$ ⑤ $\dfrac{a^3 b^2 c}{ab^2 c^3}$ ⑥ $1 + \dfrac{1}{x-1}$

（2） 繁分数

分数の分母や分子がまた分数になっているものを繁分数という。繁分数を計算するときは，分子と分母に共通の数（式）を掛けて，分子または分母のなかの分数（式）の分母を払う。

例題 1-1 次の計算をしなさい。

$$\dfrac{1}{1 + \dfrac{2}{x-1}}$$

解 $\dfrac{1}{1 + \dfrac{2}{x-1}} = \dfrac{1}{1 + \dfrac{2}{x-1}} \times \dfrac{x-1}{x-1} = \dfrac{x-1}{(x-1)+2} = \dfrac{x-1}{x+1}$

問題 1-8 次の計算をしなさい。

① $\dfrac{\dfrac{5}{6}}{\dfrac{1}{2} + \dfrac{3}{4}}$ ② $\dfrac{1}{\dfrac{1}{x} + \dfrac{1}{y}}$ ③ $1 - \dfrac{1}{1 - \dfrac{1}{1 - \dfrac{1}{x+1}}}$

（3） パーセント（割合）

パーセント（%）とは100を基準とした割合を表す単位で，次のように表す。

$$\dfrac{3}{4} \times 100 = 0.75 \times 100 = 75 \ [\%]$$

4 を 100[%]としたとき，3 が 4 のうちのどれだけを占めているのかを表し

例題 1-2　150 の 20％はいくらになるか。

解　$150 \times \dfrac{20}{100} = 30$　よって 30％

例題 1-3　水 175 g に食塩水 25 g を溶かして食塩水を作った。このときの食塩の濃度を求めよ。

解　$\dfrac{25}{175 + 25} \times 100 = 12.5$　よって 12.5％

例題 1-4　バーゲンセールで 8000 円の洋服が 30％ OFF で販売されていた。この洋服はいくらになるか。

解　$8000 \times \dfrac{100 - 30}{100} = 5600$　または　$8000 - 8000 \times \dfrac{30}{100} = 5600$　よって　5600 円

(4)　小数

◆小数の乗算

問題 1-9　次の計算をしなさい。
- ①　0.063×100
- ②　2.76×3
- ③　0.1×1.2
- ④　0.01×10.5
- ⑤　2.8×0.04
- ⑥　0.208×20.8

◆小数の除算

問題 1-10　次の計算をしなさい。
- ①　$1.2 \div 0.8$
- ②　$0.4 \div 1.6$
- ③　$0.27 \div 0.3$
- ④　$1.38 \div 1.15$
- ⑤　$0.0009 \div 0.06$
- ⑥　$0.1 \div 0.001$

(5)　有効数字の桁数

有効数字の桁数は次の①～④に従う。

① 1〜9の数字は有効数字である。
　　12　　　　有効数字2桁
　　12.34　　有効数字4桁
② 有効数字に挟まれた0は有効数字である。
　　1.002　　有効数字4桁
③ 1〜9の数字より前に0があるとき，その0は有効数字に入れない。
　　0.123　　　有効数字3桁
　　0.0456　　有効数字3桁
　　0.000789　有効数字3桁
④ 小数点より右にある0は有効数字である。
　　12.00　　　有効数字4桁
　　34.0000　　有効数字6桁
③と④より
　　0.1000　　　有効数字4桁
　　0.001000　　有効数字4桁

問題 1-11　次の測定値の有効数字は何桁か。

① 1.2[m]　　　② 30.40[kg]　　③ 9.00[V]
④ 0.012[Pa]　　⑤ 20.02[mA]　　⑥ 273.15[K]

◆有効数字の丸め方

計算をして端数が出た場合は，計算に使用した数値の桁数よりも1つ多い桁の数値を四捨五入して，計算に使用した数値の桁数と合わせる。

$$\underset{\text{有効数字4桁}}{12.34} \div 6 = \underset{\text{有効数字4桁}}{2.05\boxed{6}6666} \xrightarrow{\text{四捨五入する}} \underset{\text{有効数字4桁にする}}{2.057}$$

1.4 指数

指数の名称を確認しておこう。

(1) 指数法則

$a^2 = a \times a$, $a^3 = a \times a \times a$, $a^n = a \times a \times a \times \cdots \times a$（$n$ 個掛け合わせる）である。
m, n が正の整数のとき，次の指数法則が成り立つ。

①	$a^m \times a^n = a^{m+n}$	〔例〕	$a^2 \times a^3 = (a \times a) \times (a \times a \times a) = a^{2+3} = a^5$
②	$(a^m)^n = a^{m \times n}$	〔例〕	$(a^2)^3 = a^2 \times a^2 \times a^2 = a^{2 \times 3} = a^6$
③	$(ab)^n = a^n b^n$	〔例〕	$(ab)^3 = (a \times b) \times (a \times b) \times (a \times b) = a^3 b^3$
④	$a^m \div a^n = a^{m-n}$	〔例〕	$a^5 \div a^3 = \dfrac{a \times a \times a \times a \times a}{a \times a \times a} = a^{5-3} = a^2$
⑤	分数の指数	〔例〕	$\left(\dfrac{a}{b}\right)^m = \dfrac{a^m}{b^m}$
⑥	指数がマイナスのとき	〔例〕	$a \div a^3 = \dfrac{a}{a \times a \times a} = a^{1-3} = a^{-2} = \dfrac{1}{a^2}$
⑦	指数がゼロのとき	〔例〕	$a^0 = 1$

(2) 指数の計算

問題 1-12 次の計算をしなさい。

① 3^3 ② 2^5 ③ $(-4)^3$
④ -5^2 ⑤ $(-3)^2 \times 2^2$ ⑥ $(-4)^3 - (-3)^3$
⑦ $-2^3 - (-3)^2 \times 4$ ⑧ $-3^2 + \{(-3^2) - 6\}$

(3) 指数法則の計算

問題 1-13　次の計算をしなさい。

① $a^2 \times a^4$
② $x^3 \times x^{-7}$
③ $(-x^3)^2$
④ $a^3 \times (a^2)^3$
⑤ $6x^3 \times (-3x)$
⑥ $(-2y)^3 \times (-xy)$
⑦ $3ab^2 \times (-2a^2b)^3$
⑧ $8x^2y \div (-4xy^2)$
⑨ $4a^2b \div 2ab$
⑩ $\dfrac{8x^2y^3}{-4x^{-2}y^2}$

【関数電卓の入力】　指数

① 3^2
　$\boxed{3}\ \boxed{x^\blacksquare}\ \boxed{2}\ \boxed{=}\ \rightarrow\ 9$
　または
　$\boxed{3}\ \boxed{x^2}\ \boxed{=}\ \rightarrow\ 9$

② 3^3
　$\boxed{3}\ \boxed{x^\blacksquare}\ \boxed{3}\ \boxed{=}\ \rightarrow\ 27$

③ 3^n （n は任意の数値）
　$\boxed{3}\ \boxed{x^\blacksquare}\ n(数値)\ \boxed{=}$

1.5　平方根と累乗根

(1) 平方根の基本

$\sqrt{a^2} = a, \quad \sqrt{a^2b} = a\sqrt{b}$　（ただし，$a>0$，$b>0$）　　〔例〕$\sqrt{9} = \sqrt{3^2} = 3$

(2) 平方根の計算

① $\sqrt{a} \times \sqrt{b} = \sqrt{ab}$ （ただし，$a>0, b>0$）　〔例〕$\sqrt{2} \times \sqrt{3} = \sqrt{2 \times 3} = \sqrt{6}$

② $\sqrt{a} \div \sqrt{b} = \dfrac{\sqrt{a}}{\sqrt{b}} = \sqrt{\dfrac{a}{b}}$ （ただし，$a>0, b>0$）〔例〕$\sqrt{6} \div \sqrt{3} = \dfrac{\sqrt{6}}{\sqrt{3}} = \sqrt{\dfrac{6}{3}} = \sqrt{2}$

③ $m\sqrt{a} + n\sqrt{a} = (m+n)\sqrt{a}$

④ $\sqrt{a}(\sqrt{b} - \sqrt{c}) = \sqrt{ab} - \sqrt{ac}$

問題 1-14　次の計算をしなさい。

① $\sqrt{64}$　　　② $\sqrt{144}$　　　③ $\sqrt{12}$

④ $\sqrt{72}$　　　⑤ $\sqrt{2} \times \sqrt{3}$　　⑥ $\sqrt{12} \div \sqrt{3}$

⑦ $2\sqrt{3} + 4\sqrt{3}$　⑧ $6\sqrt{2} - \sqrt{32}$　⑨ $\sqrt{3}(\sqrt{2} + \sqrt{5})$

(3) 累乗根

$$\sqrt[n]{a^n} = a$$

$n=2$ のとき 2 乗根（平方根）と呼ぶ。

〔例〕$\sqrt[2]{9} = \sqrt{9} = 3$ （$n=2$ の場合はルートの前の 2 を省略する）

$n=3$ のとき 3 乗根（立方根）と呼ぶ。〔例〕$\sqrt[3]{27} = 3$

① $\sqrt[n]{a} = a^{\frac{1}{n}}$　　② $\sqrt[n]{a^m} = a^{\frac{m}{n}}$

数学の問題であればルートを開く必要はないが，工学の問題ではルートを開く必要がある。

$\sqrt{2}, \sqrt{3}, \sqrt{5}$ は使用する機会が多いため覚えておくと便利である。

$\sqrt{2} = 1.41421356\cdots$　ヒトヨヒトヨニヒトミゴロ（人世人世に人見ごろ）

$\sqrt{3} = 1.7320508 \cdots$　　ヒトナミニオゴレヤ（人並みに奢れや）

$\sqrt{5} = 2.2360679 \cdots$　　フジサンロクオウムナク（富士山麓オウム鳴く）

【関数電卓の入力】 平方根と累乗根

① $\sqrt{2}$

　　$\boxed{\sqrt{}}$ $\boxed{2}$ $\boxed{=}$ → 1.414213562

② $\sqrt[3]{27}$

　　平方根のキー $\boxed{\sqrt{}}$ は標準的だが，累乗根のキー $\boxed{\sqrt[n]{}}$ はないものがある。その場合は，指数法則 $\sqrt[n]{a} = a^{\frac{1}{n}}$ を利用する。

　　$\boxed{2}$ $\boxed{7}$ $\boxed{x^{\blacksquare}}$ $\boxed{(}$ $\boxed{1}$ $\boxed{\div}$ $\boxed{3}$ $\boxed{)}$ $\boxed{=}$ → 3

1.6　複素数

　正の数も負の数も 2 乗すると正の実数になる。2 乗して負になる数は**実数**ではなく，**虚数**という。2 乗して-1 になる数を i と記し，これを虚数単位という。また，a，b を実数としたとき，$z=a+bi$（実数＋虚数）のかたちを複素数といい，a を実部（実数部），b を虚部（虚数部）という。実数のように直接測ることができないため，虚（実体のない）数と書かれる。複素数は船体の振幅運動や電気の交流回路などに関係するものについて計算するときに利用する。

虚数単位：　$i^2 = -1$，$i = \sqrt{-1}$

複素数：　　$z = a + bi$（a：実部，b：虚部）

複素数の例を示す。

$$\sqrt{-3} = \sqrt{3(-1)} = \sqrt{3} \times \sqrt{-1} = \sqrt{3} \times i = \sqrt{3}\,i$$

$$\sqrt{-4} = \sqrt{2^2} \times \sqrt{-1} = 2 \times \sqrt{-1} = 2 \times i = 2i$$

これまで実数どうしを計算するときは、実数直線上で、ある一方向だけで考えることができた。しかし、複素数では大きさと方向が異なる値を平面上に表し、その角度や長さを合成することによって表す。複素数を表すときに使用する平面を**複素平面**（複素座標）といい、横軸に実数部、縦軸に虚数単位 i（電気の分野では j）を持つ虚数部をとる。

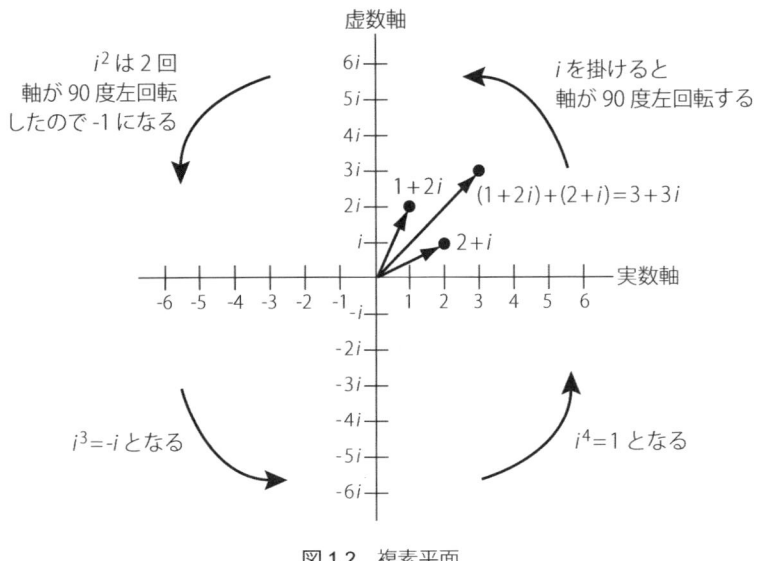

図1.2　複素平面

① 複素数 $\dot{Z}$ は実数部 a と虚数単位 i を持つ虚数部 ib を一つにまとめた値で、次の式で表される。 $\dot{Z} = (a + ib)$

② 虚数単位 i は次の式で表される。 $i = \sqrt{-1}$

③ 複素数 $\dot{Z} = (a + ib)$ に対して、虚数部の符号が異なる複素数 $(a - ib)$ を共役複素数 $\bar{z}$ といい、次の式で表す。 $\bar{z} = (a - ib)$

④ 複素数の計算（加算、減算、乗算、除算）を行うときは、i を一つの文字のように扱い、文字式と同様に計算する。ただし、i^2 が現れたときは -1 と置き換える。

問題 1-15 次の計算をしなさい。

① $(5-3i)+(4+2i)$ ② $(7+2i)-(4+5i)$ ③ $3(-2+i)-7(6-5i)$
④ $(5-4i)(3+2i)$ ⑤ $(1-\sqrt{3}\,i)^2$ ⑥ $i+i^2+i^3$

1.7 対数（常用対数と自然対数）

指数は底の数のべき乗はいくつであるかを表す。

$$a^x = y, \quad 10^3 = 1000$$

対数は基準の数を底としたとき「**べき**」はいくつであるかを表したものである。

$$\underset{\text{底}}{\log_a} \underset{\text{}}{y} = \underset{\text{べき}}{x} \qquad \log_{10} 1000 = 3$$

（対数記号（ログ）、真数）

指数と対の関係にあるから対数と呼ばれている。

桁数の多い巨大な数値（例：1000000）や微小な数値（例：0.000001）を，対数を使うことにより扱いやすい数値にすることができる。

$$\log_{10} 1000000 = 6$$
$$\log_{10} 0.000001 = -6$$

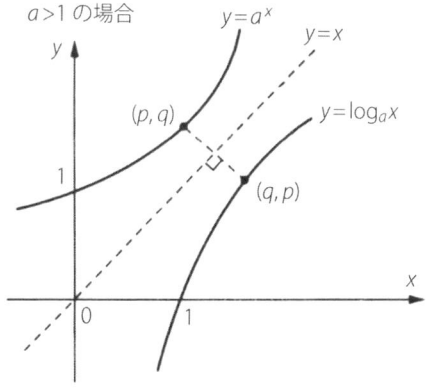

図1.3　対数関数と指数関数のグラフ

（1）対数法則

$\log_a a^x = x, \quad a^{\log_a y} = y, \quad \log_a a = 1, \quad \log_a 1 = 0$

桁数の多い数値の乗算や除算はたいへん面倒であるが，対数を用いると指数法則を使って加算や減算に置き換えることができる。

(2) 対数の公式

① $\log_a xy = \log_a x + \log_a y$

② $\log_a \dfrac{y}{x} = \log_a y - \log_a x$

③ $\log_a x^n = n \log_a x$ （n は実数）

④ $\log_a \sqrt[n]{x^m} = \dfrac{m}{n} \log_a x$

⑤ $\log_a x = \dfrac{\log_b x}{\log_b a}$ （この式を底の変換公式という）

問題 1-16 次の計算をしなさい。

① $\log_3 9$ 　　　② $\log_4 256$ 　　　③ $\log_4 2 + \log_4 8$

④ $\log_2 20 - \log_2 10$ 　　　⑤ $\log_5 26 + \log_5 \dfrac{1}{26}$ 　　　⑥ $\log_2 \sqrt[4]{8^5}$

(3) 常用対数

底を 10 にした対数を常用対数と呼ぶ。一般的に $\log_{10} 10$ は $\log 10$ のように底の 10 を省略して表す。

指数と常用対数の関係は次のとおりである。

① $10^1 = 10 \Leftrightarrow \log_{10} 10 = 1$ 　　　② $10^2 = 100 \Leftrightarrow \log_{10} 100 = 2$

③ $10^3 = 1000 \Leftrightarrow \log_{10} 1000 = 3$ 　　　④ $10^0 = 1 \Leftrightarrow \log_{10} 1 = 0$

(4) 両対数グラフ，片対数グラフ

$y = x^2$，$y = x^3$，$y = 1/x$ の関係式があるとき，x が 0 〜 100 まで変化するときの y について普通のグラフを描くと図 1.4(b) のようにカーブで現れる。これを対数グラフで表すと図 1.4(c) のように直線で現れる。実験結果をグラフにプロットしていくとき，それがカーブであると x 軸と y 軸との関係性が見いだしにくい

が，直線であると直感的に関係が見えてくる．この曲線の関係を直線の関係にして見やすく表したのが対数グラフである．対数軸は桁ごとに間隔の大小を繰り返す（図 1.4(a)）．対数グラフでは 0 が存在しない．x 軸および y 軸の両方が対数軸であるものを両対数グラフ，x 軸または y 軸のどちらかが対数軸であるものを片対数グラフと呼ぶ．

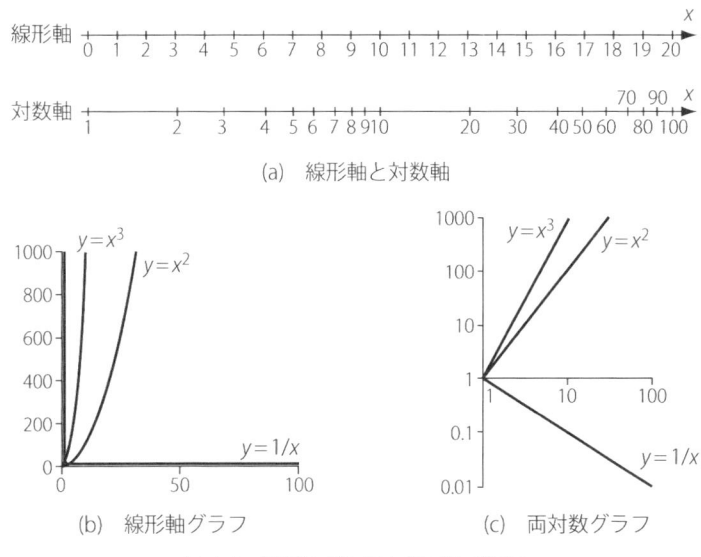

図 1.4　線形軸グラフと両対数グラフ

（5）自然対数

自然対数の底 e はネイピア数と呼ばれて，微分や積分をしても変化しない数であり，自然科学や工学の分野以外に，金融の分野でも利用されている．

$$e = \lim_{n \to \infty} \left(1 + \frac{1}{n}\right)^n = 2.71828\cdots$$

e^x の逆関数が自然対数 $x = \log_e y$ となる．

ここでは円周率 π が 3.14… であるように，自然対数の底 e は 2.71828… であると覚えてしまおう．

対数の底を省略して表記する場合があるが，扱われる分野によって常用対数の底 10 を省略する場合と，自然対数の底 e を省略する場合の両方があるので注意する必要がある。

【関数電卓の入力】　常用対数と自然対数

関数電卓では常用対数を $\boxed{\text{log}}$ （ログ），自然対数を $\boxed{\text{ln}}$ （ロン）として区別している。

① 常用対数
$\log_{10} 3000$　$\boxed{\text{log}}\ \boxed{3}\ \boxed{0}\ \boxed{0}\ \boxed{0}\ \boxed{=}$ → 3.48

② 自然対数
$\log_e 2.1718$　$\boxed{\text{ln}}\ \boxed{2}\ \boxed{.}\ \boxed{1}\ \boxed{7}\ \boxed{1}\ \boxed{8}\ \boxed{=}$ → 0.99…

対数の身近な使用例「マグニチュード」

地震の発するエネルギーの大きさを対数で表したものをマグニチュードという。地震が発するエネルギーの大きさを E [J]，マグニチュードを M としたとき，次の関係式が成り立つ。

$$\log_{10} E = 4.8 + 1.5M$$

マグニチュード M が1から3に2増えると

$$\log_{10} E_1 = 4.8 + 1.5 \times 1 = 6.3$$
$$\log_{10} E_2 = 4.8 + 1.5 \times 3 = 9.3$$
$$\log_{10} E_2 - \log_{10} E_1 = \log_{10} \frac{E_2}{E_1} = 6.3 - 3.3 = 3$$
$$\frac{E_2}{E_1} = 10^3 = 1000$$

これより，マグニチュードが2増えるとエネルギーは1000倍になることがわかる。この他にも対数の身近な例として，酸性やアルカリ性を示す「水表イオン濃度（pH）」や，星の明るさを表す「等級」，電波や音波の強さ「デシベル（dB）」に利用されている。

1.8 方程式

　未知数が含まれているものを方程式という。未知数が1つのものを1元，未知数が2つのものを2元，未知数が3つのものを3元，未知数の次数で最も大きいものが1乗ならば1次方程式，2乗ならば2次方程式，3乗ならば3次方程式という。

　$y = x^3 - 2x + 3$ の場合，未知数は y と x の2つであるから2元，未知数の次数で最も大きいものが x^3 であるから3次となり，この方程式を「2元3次方程式」と呼ぶ。

(1) 1次方程式

1次方程式を解く手順は次のとおりである。

〔例〕　$2(x+2) = 10$

① カッコがあればカッコを外す（分配法則で展開する）。

$$2(x+2) = 10 \rightarrow 2x + 4 = 10$$

② 未知数を含む項は左辺に，未知数を含まない項は右辺に移項する。

$$2x + 4 = 10 \rightarrow 2x = 10 - 4 \rightarrow 2x = 6$$

③ 両辺を未知数の係数で割る。

$$\frac{2x}{2} = \frac{6}{2} \rightarrow x = 3$$

|問題| 1-17　次の計算をしなさい。

① $4x + 8 = 0$　　　　② $2 - 3x = 4 + 5x$

③ $\dfrac{x}{4} - \dfrac{2}{3} = \dfrac{3}{2}x + \dfrac{1}{3}$　　　　④ $\dfrac{2x-3}{3} + \dfrac{4-2x}{2} = 0$

(2) 連立方程式

連立方程式を解く手順を以下に示す。

〔例〕　$x + 2y = 8$
　　　$3x - 4y = 4$

◆代入法による解き方

① 2つの方程式のうち，1つを $x=$（または $y=$）の形にする。
　　$x = 8 - 2y$

② もう片方の方程式に①の式を代入する。
　　$3(8-2y) - 4y = 4$ → $24 - 6y - 4y = 4$ → $-10y = -20$ → $y = 2$

③ y（または x）をどちらかの方程式に代入する。
　　$x + 2y = 8$ → $x + 2 \times 2 = 8$ → $x + 4 = 8$ → $x = 4$

◆加減法による解き方

① $x=$（または $y=$）の係数をそろえる。
　　$x + 2y = 8$ → $3x + 6y = 24$
　　$3x - 4y = 4$ → $3x - 4y = 4$

② 2つの式を加算または減算して，$x=$（または $y=$）を消去する。
　　$3x + 6y = 24$
　　$\underline{3x - 4y = \ \ 4}$ （−
　　　$10y = 20$ → $y = 2$

③ y（または x）をどちらかの方程式に代入する。
　　$x + 2y = 8$ → $x + 2 \times 2 = 8$ → $x + 4 = 8$ → $x = 4$

(3) 2次方程式

　方程式の項を整理して，$ax^2 + bx + c = 0$（a，b，c は定数，$a \neq 0$）の形になる式を2次方程式という。2次方程式の解き方を以下に示す。

◆ 因数分解による解き方

1.2(2)に示した文字式の計算の展開公式を逆に使う。

$$x^2+(a+b)x+ab=0 \underset{展開}{\overset{因数分解}{\rightleftarrows}} (x+a)(x+b)=0$$

$(x+a)=0$ または $(x+b)=0$ のとき，$(x+a)(x+b)=0$ が成り立つ。このとき $(x+a)$ や $(x+b)$ を因数といい，展開の逆を因数分解という。

例題 1-5 次の2次方程式を因数分解を使って解きなさい。

$x^2 + 5x + 6 = 0$

解 $x^2 + (a+b)x + ab = (x+a)(x+b)$ より

$x^2 + 5x + 6 = (x+2)(x+3) = 0$

$(x+2) = 0 \rightarrow x = -2$

$(x+3) = 0 \rightarrow x = -3$

◆ 解の公式による解き方

$ax^2 + bx + c = 0$ $(a \neq 0)$ の左辺が因数分解できないときは，次の式を使って求める。

$$x = \frac{-b \pm \sqrt{b^2 - 4ac}}{2a} \quad (a,\ b,\ c \text{ は実数})$$

2次方程式の解について，2つ現れるかどうかや，実数か虚数かをあらかじめ判別することができる $D = \sqrt{b^2 - 4ac}$ を判別式といい，解の種類は次のように分けられる。

① $D > 0$ のとき，異なる2つの実数解
② $D = 0$ のとき，1つの実数解（二重解）
③ $D < 0$ のとき，異なる2つの虚数解

例題 1-6 次の2次方程式を解の公式を使って解きなさい。

① $4x^2 - 4x - 15 = 0$

解 $x = \dfrac{-b \pm \sqrt{b^2 - 4ac}}{2a} = \dfrac{-(-4) \pm \sqrt{(-4)^2 - 4 \times 4 \times (-15)}}{2 \times 4} = \dfrac{4 \pm \sqrt{256}}{8} = \dfrac{1 \pm 4}{2}$

$x = \dfrac{5}{2}, \quad x = -\dfrac{3}{2}$

② $4x^2 + 12x + 9 = 0$

解 $x = \dfrac{-b \pm \sqrt{b^2 - 4ac}}{2a} = \dfrac{-12 \pm \sqrt{12^2 - 4 \times 4 \times 9}}{2 \times 4} = \dfrac{-12 \pm \sqrt{144 - 144}}{8}$

$= \dfrac{-12}{8} = -\dfrac{3}{2}$ （二重解）

③ $x^2 - 2x + 3 = 0$

解 $x = \dfrac{-b \pm \sqrt{b^2 - 4ac}}{2a} = \dfrac{-(-2) \pm \sqrt{(-2)^2 - 4 \times 1 \times 3}}{2 \times 1} = \dfrac{2 \pm \sqrt{-8}}{2} = \dfrac{2 \pm \sqrt{8}i}{8}$

$= \dfrac{1 \pm \sqrt{2}i}{4}$

1.9　面積と体積

（1）面積の公式

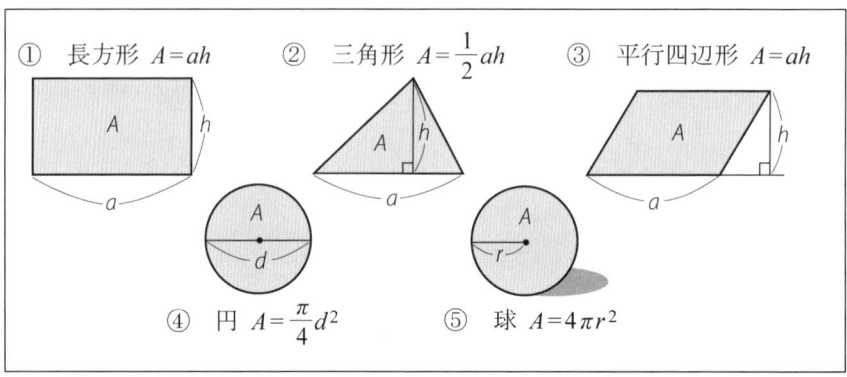

① 長方形 $A = ah$
② 三角形 $A = \dfrac{1}{2}ah$
③ 平行四辺形 $A = ah$
④ 円 $A = \dfrac{\pi}{4}d^2$
⑤ 球 $A = 4\pi r^2$

問題 1-18 次の問いに答えよ。
① 縦 910 [mm]，横 1820 [mm] の畳の面積はいくらになるか。
② シリンダ径 380 [mm] のピストン上の受圧面積はいくらになるか。
③ 直径 38 [m] の球形をしたガスタンクがある。このタンクの表面積はいくらになるか。

(2) 体積の公式

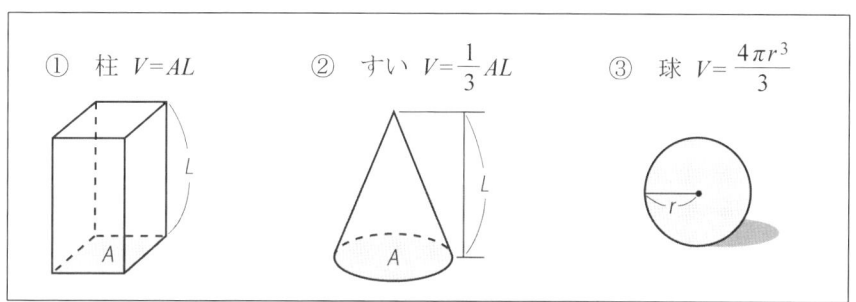

問題 1-19 次の問いに答えよ。
① 内径が 50 [cm]，高さが 100 [cm] の円筒形の物体の体積はいくらになるか。
② 底面の内径が 30 [cm]，高さが 80 [cm] の円すい形の物体の体積はいくらになるか。
③ LNG 船の球形タンクの直径が 40 [m] あるとき，このタンクの容積はいくらになるか。

1.10 微分と積分

関数とは，ある変数（y と x など）の関係を表すための値や式であり，グラフ上に集合体である線として表すことができるものをいう。

(1) 微分

速度を求めるとき，走った距離 y を時間 x で割る。距離 y は時間 x に速度を

掛けた関数 $f(x)$ といえる。f は関数の英語である function からきている。

$$速度 = \frac{走行距離}{時間} = \frac{y_2 - y_1}{x_2 - x_1} = \frac{f(x_2) - f(x_1)}{t} = \frac{f(x_1 + t) - f(x_1)}{t}$$

しかし，これは平均的な速度であって，瞬間の速度ではない。瞬間の速度は，時間の幅 t を限りなく 0 に近づけて考え，次のような式で表すことができる。

$$瞬間速度 = \lim_{t \to 0} \frac{f(x_1 + t) - f(x_1)}{t} = f'(x_1)$$

$f'(x_1)$ は $f(x_1)$ のときの接線の傾きを表し，これを x_1 における変化率または微分係数という。

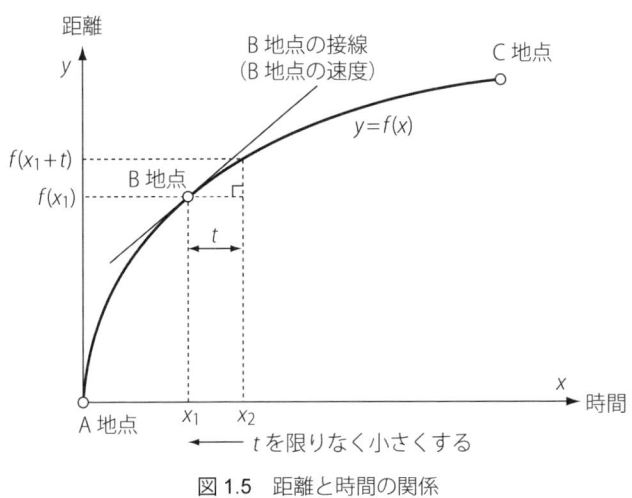

図 1.5　距離と時間の関係

◆ 導関数

$f(x_1)$ のときの接線の傾きが $f'(x_1)$ であるというように，さまざまな点を関数 $f(x)$ で表したとき，その接線を導関数 $f'(x)$ という。**導関数を求めることを「微分する」という**。$f(x)$ の導関数は $f'(x)$ 以外にも x'，$\frac{dx}{dt}$，$\frac{d}{dx}f(x)$ などと表される。微分の記法で用いられる d は微分や差分の英語である differential からきている。

$\frac{dx}{dt}$ は「関数 x を t で微分したもの」, $\frac{d}{dx}f(x)$ は「関数 $f(x)$ を x で微分したもの」という意味を表している。

次に代表的な関数の導関数を示す。

① $y = c$（定数） → $y' = 0$
② $y = x^n$ → $y' = nx^{n-1}$
③ $y = x$ → $y' = 1$
④ $y = \dfrac{1}{x} = x^{-1}$ → $y' = -1x^{-1-1} = -x^{-2} = -\dfrac{1}{x^2}$

問題 1-20 次の関数の導関数を求めよ

① $y = 5$ ② $y = x^3$ ③ $y = \dfrac{1}{x^2}$

◆ 微分の計算

① 係数の微分　　$\{c \cdot f(x)\}' = c \cdot f'(x)$　　c は定数
② 加算と減算の微分　$\{f(x) + g(x)\}' = f'(x) + g'(x)$
　　　　　　　　　　$\{f(x) - g(x)\}' = f'(x) - g'(x)$
③ 乗算の微分　　$\{f(x) \cdot g(x)\}' = f'(x) \cdot g(x) + f(x) \cdot g'(x)$
④ 除算の微分　　$\left\{\dfrac{f(x)}{g(x)}\right\}' = \dfrac{f'(x) \cdot g(x) - f(x) \cdot g'(x)}{\{g(x)\}^2}$

　　　　　　とくに $\left\{\dfrac{1}{g(x)}\right\}' = -\dfrac{g'(x)}{\{g(x)\}^2}$

問題 1-21 次の関数の導関数を求めよ

① $y = 2x^2$　　　　② $y = x^2 + 1$　　　　③ $y = x^2 - x^3$

④ $y = (x^2 + 1)(x - 2)$　　⑤ $y = \dfrac{x - 2}{x^2 + 1}$

(2) 積分

微分では，距離 y を時間 x で微分すると，瞬間速度 v が求まった。また，瞬間速度 v を時間 x で微分すると，加速度 a が求まる。積分では加速度 a を時間 x で積分することにより瞬間速度 v が求まる。また，瞬間速度 v を時間 x で積分することにより距離 y が求まる。微分は接線の傾きを求めたが，積分は細かく区分した面積を積み重ねて求める。微分と積分は逆の演算であるといえる。
$\{F(x)\}' = f(x)$ と表したとき，$f(x)$ は関数 $F(x)$ の導関数といった。これと反対に $F(x)$ は導関数 $f(x)$ の原始関数という。

導関数 $f(x)$ の原始関数を求めると

$$(x^3)' = 3x^2$$

$$(x^3 + 1)' = 3x^2 + 0 = 3x^2$$

$$(x^3 - 1)' = 3x^2 + 0 = 3x^2$$

のように，(定数)$' = 0$ より，微分すると $3x^2$ になる関数はいくつも存在する。

このとき，定数を積分定数 C と表す。

$$(x^3 + C)' = 3x^2 + 0 = 3x^2$$

導関数 $f(x)$ から原始関数 $F(x)$ を求めることを x で積分するといい，次の式で表される。

$$\int f(x)dx = F(x) + C \quad (Cは積分定数)$$

この式の左辺は「インテグラル エフ エックス ディー エックス」と読む。
以上のように，定数 C が定まらない原始関数を不定積分という。
次に不定積分の公式を示す。

① $\int x^n dx = \dfrac{1}{n+1} x^{n+1} + C \quad (n \neq -1)$

② $\int 1 dx = \int dx = x + C$

③ $\int k f(x) dx = k \int f(x) dx \quad$ (kは定数)

④ $\int \{f(x) \pm g(x)\} dx = \int f(x) dx \pm \int g(x) dx$

問題 1-22 次の不定積分を求めよ。

① $\int x^2 dx$ ② $\int 3 dx$ ③ $\int (x+1) dx$ ④ $\int (x^2 + 2x - 3) dx$

◆定積分

関数 $f(x)$ の x 軸に投影した面積が原始関数 $F(x)$ となる。a から b の定められた領域の面積 A を求めるとき，$A = F(b) - F(a)$ と考える。

このとき $f(x)$ の a から b までの定積分といい，次のように表される。

$$A = \int_a^b f(x) dx = \left[F(x)\right]_a^b = F_b - F_a$$

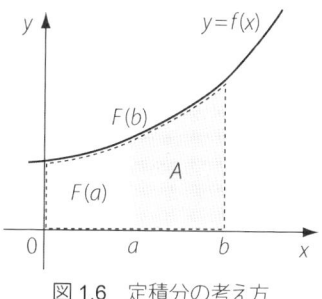

図1.6 定積分の考え方

問題 1-23 次の定積分を求めよ。

① $\int_1^2 9.8 t\, dt$ ② $\int_2^4 (5-x) dx$ ③ $\int_3^6 3t^2 dt$ ④ $\int_0^4 (x^2 - x) dx$

(3) 微分と積分の関係

微分は関数の傾きを表し，距離のグラフの傾きが速度を表している。傾きが大きくなるほど速度が速くなることがわかる。この速度の増え方について見た

のが加速度であり，自由落下運動では速度のグラフの傾きが 9.8 で一定であることがわかる。積分は関数の x 軸に投影した面積を求めているため，加速度のグラフの面積が速度を表し，速度のグラフの面積が距離を表している。微分と積分の関係について図 1.7 に記す。

時間 t	距離 s	速度 v	加速度 a
0 秒後	0 [m]	0 [m/s]	9.8 [m/s^2]
1 秒後	4.9 [m]	9.8 [m/s]	9.8 [m/s^2]
2 秒後	19.6 [m]	19.6 [m/s]	9.8 [m/s^2]
3 秒後	44.1 [m]	29.4 [m/s]	9.8 [m/s^2]
4 秒後	78.4 [m]	39.2 [m/s]	9.8 [m/s^2]
5 秒後	122.5 [m]	49.0 [m/s]	9.8 [m/s^2]

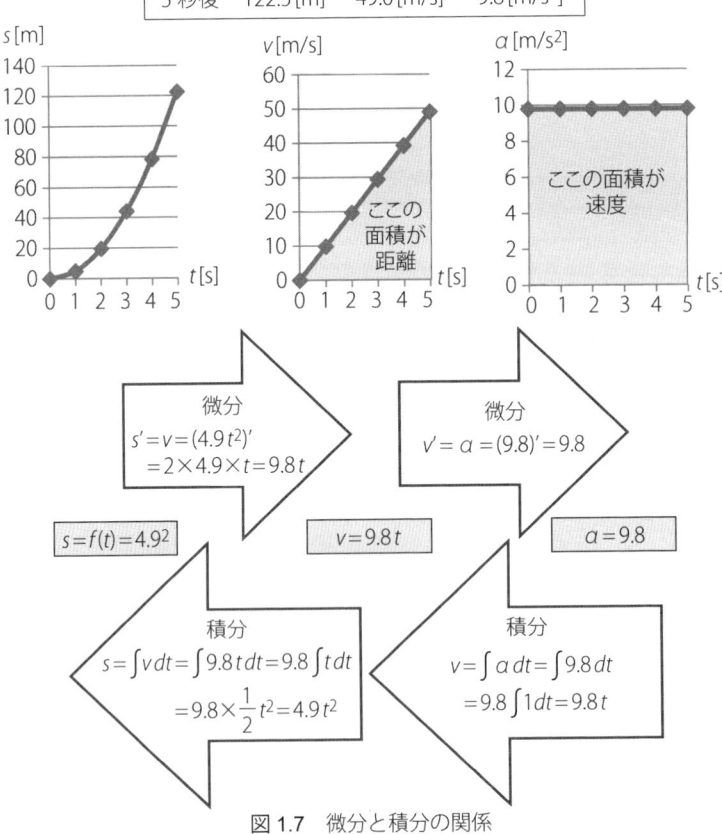

微分
$s' = v = (4.9t^2)'$
$= 2 \times 4.9 \times t = 9.8t$

微分
$v' = a = (9.8)' = 9.8$

$s = f(t) = 4.9t^2$　　$v = 9.8t$　　$a = 9.8$

積分
$s = \int v\,dt = \int 9.8t\,dt = 9.8 \int t\,dt$
$= 9.8 \times \dfrac{1}{2} t^2 = 4.9 t^2$

積分
$v = \int a\,dt = \int 9.8\,dt$
$= 9.8 \int 1\,dt = 9.8t$

図 1.7　微分と積分の関係

1.11　ギリシャ文字

　ギリシャ文字は数学の文字式や物理の量記号などで多く用いられている。商船学を学ぶ上でもたいへん重要になるので覚えよう。

大文字	小文字	書き方	読み方	用途	大文字	小文字	書き方	読み方	用途
A	α	α	アルファ	数式の定数, 加速度	N	ν	ν	ニュー	
B	β	β	ベータ	数式の定数	Ξ	ξ	ξ	クサイ, クシー	
Γ	γ	γ	ガンマ	磁束密度	O	o	o	オミクロン	
Δ	δ	δ	デルタ	微小変化量	Π	π	π	パイ	円周率
E	ε	ε	イプシロン, エプシロン	材料力学でひずみ量, 微小量	P	ρ	ρ	ロー	密度の量記号
Z	ζ	ζ	ゼータ		Σ	σ	σ	シグマ	数列の総和, 応力
H	η	η	イータ, エータ	エネルギー効率	T	τ	τ	タウ	時定数
Θ	θ	θ	シータ	角度	Y	υ	υ	ウプシロン, ユプシロン	
I	ι	ι	イオタ		Φ	φ	φ	ファイ	製図で直径, 角度, 位相
K	κ	κ	カッパ	熱力学で比熱比	X	χ	χ	カイ, キー	
Λ	λ	λ	ラムダ	波長, 熱伝導率	Ψ	ψ	ψ	プシー, プサイ	
M	μ	μ	ミュー	単位の接頭語 (10^{-6}, マイクロ)	Ω	ω	ω	オメガ	電気抵抗の単位（オーム）, 角周波数

37

1.12 関数電卓の使い方

　商船学や工学を学ぶ上で，関数電卓はさまざまなシーンで使用される。本節では関数電卓の使い方の代表的なものについて，カシオ計算機株式会社の自然表示（Natural Display）方式関数電卓の操作方法を中心に紹介する。自然表示式の関数電卓の特徴は教科書や参考書に記されている公式どおりに関数や数値を入力でき，加減乗除，関数，カッコの優先順位を自動的に判別して，入力ミスを防ぐのに有効である。ここで紹介している以外にもさまざまな機能があるので，各々の関数電卓の取扱説明書を確認すること。またプログラム機能が付いているものは海技士試験において使用できないので，購入の際は機能をよく確認すること。

図 1.8　自然表示方式関数電卓
　　　　（カシオ計算機）

(1) 関数電卓の基本的な機能

◆電源

- 電源オン　$\boxed{\text{ON}}$
  電源を入れる。
- 電源オフ　$\boxed{\text{SHIFT}}$ $\boxed{\text{AC}}$
  電源を切る。

◆表示シンボルの見方

　電源を入れると画面の最上部に現在の計算モードや各種設定の状態，計算の履歴などがシンボルで表示される。シフト機能（S）やアルファ機能（A），メモリー機能（M：独立メモリー，STO：変数メモリーの登録，RCL：変数メモ

リーの呼び出し），計算モード（STAT：統計計算，CMPLX：複素数計算，MAT：行列計算，VCT：ベクトル計算），角度の単位（D：度，R：ラジアン，G：グラード），表示桁数の設定（FIX，SCI），表示形式（Math：自然表示形式），計算履歴（▲：以前，▼：以後）などの使用状態を表す．

◆消去

- オールクリア　AC
  主に，画面に表示中の計算式や計算結果をすべてクリアにするときに使用する．
- 削除，デリート　DEL
  主に，計算式のなかの不要な数字や演算子などを削除するときに使用する．

◆カーソル　▲　▼　◀　▶

自然表示式の関数電卓で関数に数値を入力するときや，計算式を修正するとき，計算履歴を表示するときに使用する．

◆第2機能　SHIFT　ALPHA

各キー上部に SHIFT（シフト）や ALPHA（アルファ）と同じ色で表示されている関数などを実行したいとき，先に SHIFT や ALPHA を押しておく．

〔例〕　$\sin^{-1}$（アークサイン）1

SHIFT　sin　($\sin^{-1}$)　1　＝　→　90

◆モードの選択　MODE

MODE を押すと各種モードが選択できる．通常は COMP モード（標準計算モード）で一般的な計算や関数計算を行う．複素数は CMPLX，統計計算は STAT，行列計算は MATRIX，ベクトル計算は VECTOR を選択する．その他，2進数や8進数，16進数への変換や計算は BASE-N，方程式を解く場合は EQN，

入力した関数式に基づいて数値テーブルを作成する TABLE などがある。

◆表示方式

計算結果の桁数を指定することができる。

- 小数点以下桁数の指定
  $\boxed{\text{Shift}}$ $\boxed{\text{MODE}}$ （SETUP）$\boxed{6}$ （Fix）$\boxed{0}$ ～ $\boxed{9}$ （0 から 9 桁を指定）
- 有効桁数の指定
  $\boxed{\text{Shift}}$ $\boxed{\text{MODE}}$ （SETUP）$\boxed{7}$ （Sci）$\boxed{1}$ ～ $\boxed{9}$ （1 から 9 桁を指定）
  $\boxed{0}$ （10 桁を指定）
- 自然表示の場合，答えが分数のままや√がついたまま返ってくるときがある。小数で表示したい場合は $\boxed{\text{S}\Leftrightarrow\text{D}}$ を押す。

◆角度単位

三角関数計算や座標変換を行う際の，計算式の入力と計算結果の表示に使う角度の単位を Deg（度），Rad（ラジアン），Gra（グラード）のなかからモードによって選択できる。グラードとはフランス度表示（直角 = 100 grad）である。

- 角度単位の指定
  $\boxed{\text{Shift}}$ $\boxed{\text{MODE}}$ （SETUP）$\boxed{3}$ （Deg：度）
  　　　　　　　　　　　　　　$\boxed{4}$ （Rad：ラジアン）
  　　　　　　　　　　　　　　$\boxed{5}$ （Gra：グラード）
- 角度の入力（度・分・秒）
  〔例〕12°34'56"の場合
  （Deg）モード→ $\boxed{1}$ $\boxed{2}$ $\boxed{°\,'\,''}$ $\boxed{3}$ $\boxed{4}$ $\boxed{°\,'\,''}$ $\boxed{5}$ $\boxed{6}$ $\boxed{°\,'\,''}$ $\boxed{=}$
  　　　　　　→ 12°34'56"

これを 10 進数で表示するには，もう一度 $\boxed{°\,'\,''}$ を押すと 12.58222222 度と表示される。

◆ リセット（初期化）の方法

　関数電卓を使用している最中に，ふとしたことでモードなどが変更され，思いもよらない答えが返ってくることがある。表示シンボルで状態を確認することもできるが，試験中などで余裕がない場合など，とにかく初期化したいときには次のようにする。

- 設定を初期化したいとき（メモリーは消えない）
  $\boxed{\text{Shift}}$ $\boxed{9}$（CRL：クリア）$\boxed{1}$（Setup）$\boxed{=}$（Yes）$\boxed{\text{AC}}$
- すべて初期化したいとき（メモリーも消える）
  $\boxed{\text{Shift}}$ $\boxed{9}$（CRL：クリア）$\boxed{3}$（All）$\boxed{=}$（Yes）$\boxed{\text{AC}}$

◆ マイナス　$\boxed{(\text{-})}$

　負の数（－：マイナス）を入力する場合，減算の $\boxed{-}$ とは別に $\boxed{(\text{-})}$ を利用すると，複雑な式のとき区別しやすい。

〔例〕　-3×-4

　　　$\boxed{(\text{-})}$ $\boxed{3}$ $\boxed{\times}$ $\boxed{(\text{-})}$ $\boxed{4}$ $\boxed{=}$ → 12

　減算の $\boxed{-}$ も利用できるが，連続して計算するときは注意すること。

〔例〕　$2 \times 3 = 6$ の計算をした後

① $\boxed{(\text{-})}$ $\boxed{3}$ $\boxed{\times}$ $\boxed{5}$ $\boxed{=}$ → -15
② $\boxed{-}$ $\boxed{3}$ $\boxed{\times}$ $\boxed{5}$ $\boxed{=}$ → Ans $- 3 \times 5 = -9$

◆ カッコ　$\boxed{(}$ $\boxed{)}$

　カッコを使って，計算の優先順位を考えずに入力できるのも，関数電卓の特徴の一つである。

〔例〕　$2 \times (3 + 5)$

　　　$\boxed{2}$ $\boxed{\times}$ $\boxed{(}$ $\boxed{3}$ $\boxed{+}$ $\boxed{5}$ $\boxed{)}$ $\boxed{=}$ → 16

◆メモリー

メモリー機能でよく利用するキーとして，STO はストア（Store：書き込み），RCL はリコール（Recall：呼び出し）の意味である。

① 独立メモリー（M）
- メモリー（M）に記憶

    ＜記憶させたい数値＞ Shift RCL (STO) M+ (M)

- メモリーに加算

    ＜メモリーに加算させたい数値＞ M+

- メモリーから減算

    ＜メモリーから減算させたい数値＞ Shift M+ (M-)

- メモリーの内容の確認（集計結果）

    RCL M+ (M) または ALPHA M+ (M) =

- 独立メモリーの消去

    0 Shift RCL (STO) M+ (M)

② 変数メモリー（A，B，C，D，E，F，X，Y）

　　A，B，C，D，E，F，X，Y に数値や計算結果を記憶させることができる。

　〔例〕 A に 4 を記憶したとき，A＋6 はいくらになるか。

　　　　＜A に記憶させたい数値：4＞ Shift RCL (STO) (-) (A)

　　　　ALPHA (-) (A) + 6 = → 10

③ アンサーメモリー Ans

　　最新の計算結果が自動的に記憶される。

　〔例〕 最初の計算式ⓐの結果を，次の計算式ⓑの途中で使う場合

　　　ⓐ　12＋34

　　　　　1 2 + 3 4 = → 46

　　　ⓑ　56－（ⓐの答え）

　　　　　5 6 - Ans = → 10

(2) 関数電卓の基本的な計算

◆四則計算　$\boxed{+}$ $\boxed{-}$ $\boxed{\times}$ $\boxed{\div}$

- 加法　〔例〕2 + 3
  $\boxed{2}$ $\boxed{+}$ $\boxed{3}$ $\boxed{=}$ → 5
- 減法　〔例〕2 − 3
  $\boxed{2}$ $\boxed{-}$ $\boxed{3}$ $\boxed{=}$ → −1
- 乗法　〔例〕2 × 3
  $\boxed{2}$ $\boxed{\times}$ $\boxed{3}$ $\boxed{=}$ → 6
- 除法　〔例1〕2 ÷ 3
  $\boxed{2}$ $\boxed{\div}$ $\boxed{3}$ $\boxed{=}$ → $\frac{2}{3}$ → $\boxed{S \Leftrightarrow D}$ → $0.\dot{6}$
  → $\boxed{S \Leftrightarrow D}$ → 0.6666666667

  〔例2〕2 ÷ 7
  $\boxed{2}$ $\boxed{\div}$ $\boxed{7}$ $\boxed{=}$ → $\frac{2}{7}$ → $\boxed{S \Leftrightarrow D}$ → $0.\dot{2}8571\dot{4}$
  → $\boxed{S \Leftrightarrow D}$ → 0.285714286

  0.6666…のように，ある桁から先で繰り返されるものを循環小数という。

◆分数の計算　$\boxed{\Box}$

〔例〕$\dfrac{1+2}{3 \times 4}$

① 分数の入力開始　$\boxed{\Box}$
② 分子側へ入力　$\boxed{1}$ $\boxed{+}$ $\boxed{2}$
③ カーソルを分母側へ移動　$\boxed{\blacktriangledown}$
④ 分母側へ入力　$\boxed{3}$ $\boxed{\times}$ $\boxed{4}$
⑤ 演算実行　$\boxed{=}$ → $\frac{1}{4}$ → $\boxed{S \Leftrightarrow D}$ → 0.25

◆指数　$\boxed{x^2}$ $\boxed{x^\blacksquare}$ $\boxed{10^\blacksquare}$

〔例1〕2^2

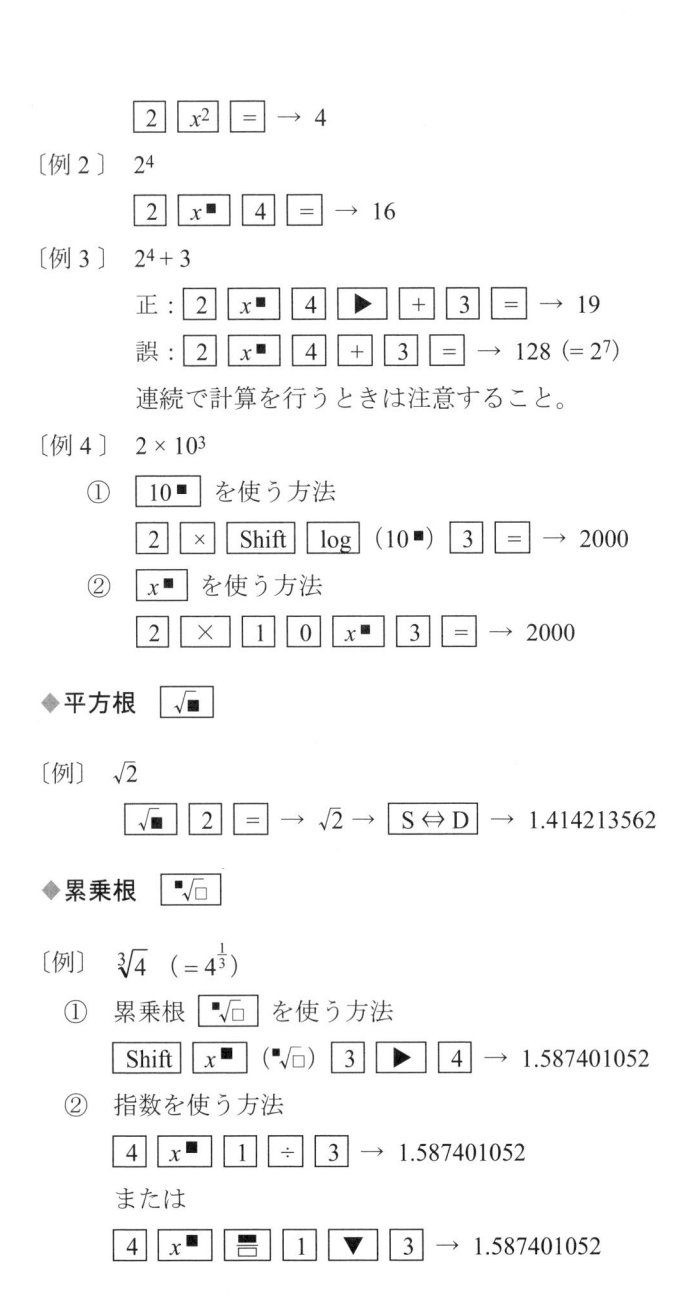

$\boxed{2}$ $\boxed{x^2}$ $\boxed{=}$ → 4

〔例2〕 2^4

$\boxed{2}$ $\boxed{x^{\blacksquare}}$ $\boxed{4}$ $\boxed{=}$ → 16

〔例3〕 2^4+3

正：$\boxed{2}$ $\boxed{x^{\blacksquare}}$ $\boxed{4}$ $\boxed{\blacktriangleright}$ $\boxed{+}$ $\boxed{3}$ $\boxed{=}$ → 19

誤：$\boxed{2}$ $\boxed{x^{\blacksquare}}$ $\boxed{4}$ $\boxed{+}$ $\boxed{3}$ $\boxed{=}$ → 128 ($= 2^7$)

連続で計算を行うときは注意すること。

〔例4〕 2×10^3

① $\boxed{10^{\blacksquare}}$ を使う方法

$\boxed{2}$ $\boxed{\times}$ $\boxed{\text{Shift}}$ $\boxed{\log}$ ($10^{\blacksquare}$) $\boxed{3}$ $\boxed{=}$ → 2000

② $\boxed{x^{\blacksquare}}$ を使う方法

$\boxed{2}$ $\boxed{\times}$ $\boxed{1}$ $\boxed{0}$ $\boxed{x^{\blacksquare}}$ $\boxed{3}$ $\boxed{=}$ → 2000

◆ 平方根 $\boxed{\sqrt{\blacksquare}}$

〔例〕 $\sqrt{2}$

$\boxed{\sqrt{\blacksquare}}$ $\boxed{2}$ $\boxed{=}$ → $\sqrt{2}$ → $\boxed{\text{S} \Leftrightarrow \text{D}}$ → 1.414213562

◆ 累乗根 $\boxed{\sqrt[\blacksquare]{\square}}$

〔例〕 $\sqrt[3]{4}$ ($= 4^{\frac{1}{3}}$)

① 累乗根 $\boxed{\sqrt[\blacksquare]{\square}}$ を使う方法

$\boxed{\text{Shift}}$ $\boxed{x^{\blacksquare}}$ ($\sqrt[\blacksquare]{\square}$) $\boxed{3}$ $\boxed{\blacktriangleright}$ $\boxed{4}$ → 1.587401052

② 指数を使う方法

$\boxed{4}$ $\boxed{x^{\blacksquare}}$ $\boxed{1}$ $\boxed{\div}$ $\boxed{3}$ → 1.587401052

または

$\boxed{4}$ $\boxed{x^{\blacksquare}}$ $\boxed{\frac{\blacksquare}{\blacksquare}}$ $\boxed{1}$ $\boxed{\blacktriangledown}$ $\boxed{3}$ → 1.587401052

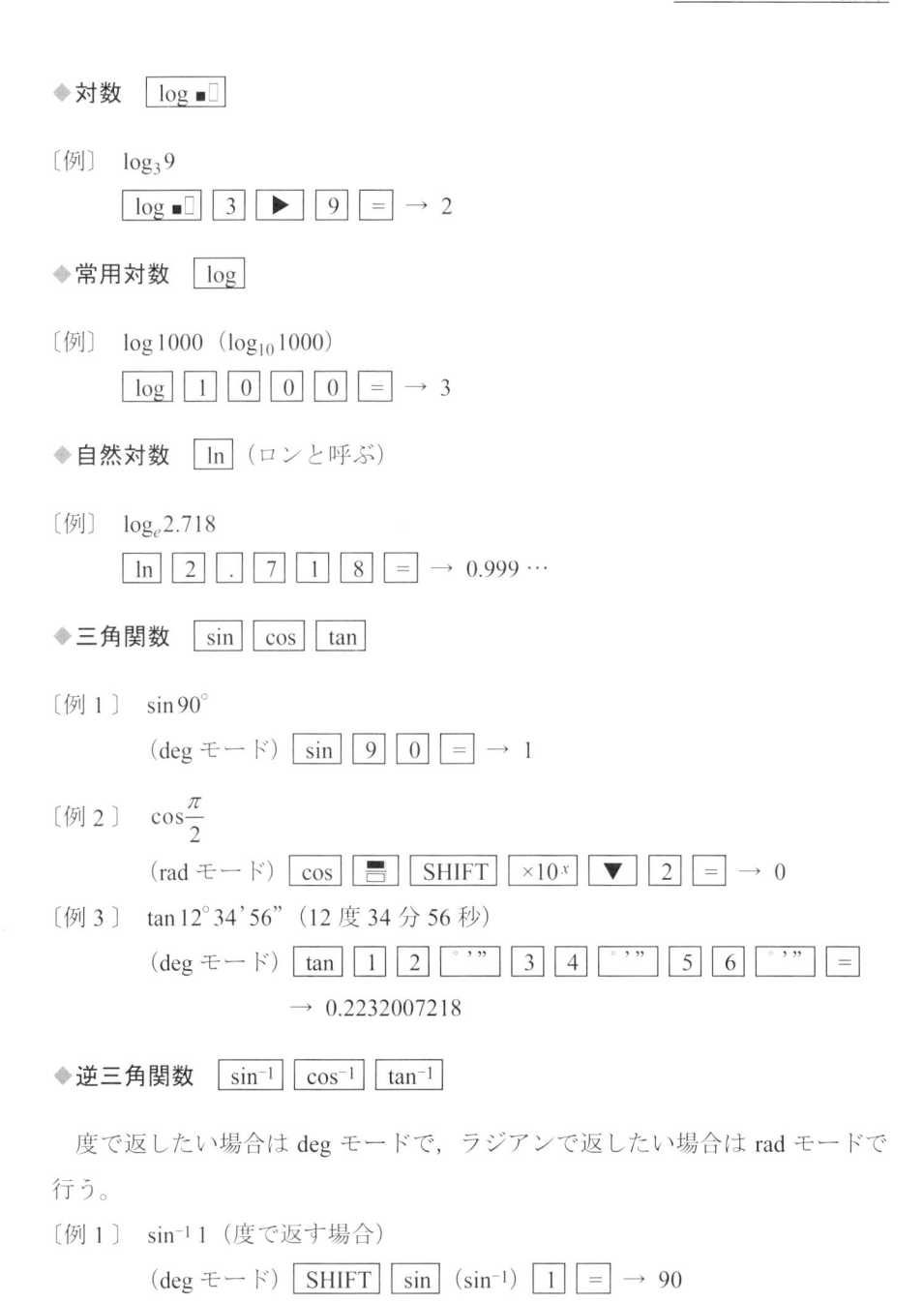

◆ 対数　$\boxed{\log_\blacksquare \square}$

〔例〕　$\log_3 9$

$\boxed{\log_\blacksquare \square}$ $\boxed{3}$ $\boxed{\blacktriangleright}$ $\boxed{9}$ $\boxed{=}$ → 2

◆ 常用対数　$\boxed{\log}$

〔例〕　$\log 1000$ （$\log_{10} 1000$）

$\boxed{\log}$ $\boxed{1}$ $\boxed{0}$ $\boxed{0}$ $\boxed{0}$ $\boxed{=}$ → 3

◆ 自然対数　$\boxed{\ln}$ （ロンと呼ぶ）

〔例〕　$\log_e 2.718$

$\boxed{\ln}$ $\boxed{2}$ $\boxed{.}$ $\boxed{7}$ $\boxed{1}$ $\boxed{8}$ $\boxed{=}$ → 0.999 …

◆ 三角関数　$\boxed{\sin}$ $\boxed{\cos}$ $\boxed{\tan}$

〔例1〕　$\sin 90°$

（deg モード）　$\boxed{\sin}$ $\boxed{9}$ $\boxed{0}$ $\boxed{=}$ → 1

〔例2〕　$\cos \dfrac{\pi}{2}$

（rad モード）　$\boxed{\cos}$ $\boxed{\text{─}}$ $\boxed{\text{SHIFT}}$ $\boxed{\times 10^x}$ $\boxed{\blacktriangledown}$ $\boxed{2}$ $\boxed{=}$ → 0

〔例3〕　$\tan 12°34'56''$（12 度 34 分 56 秒）

（deg モード）　$\boxed{\tan}$ $\boxed{1}$ $\boxed{2}$ $\boxed{°'''}$ $\boxed{3}$ $\boxed{4}$ $\boxed{°'''}$ $\boxed{5}$ $\boxed{6}$ $\boxed{°'''}$ $\boxed{=}$

→ 0.2232007218

◆ 逆三角関数　$\boxed{\sin^{-1}}$ $\boxed{\cos^{-1}}$ $\boxed{\tan^{-1}}$

度で返したい場合は deg モードで，ラジアンで返したい場合は rad モードで行う。

〔例1〕　$\sin^{-1} 1$（度で返す場合）

（deg モード）　$\boxed{\text{SHIFT}}$ $\boxed{\sin}$ （$\sin^{-1}$） $\boxed{1}$ $\boxed{=}$ → 90

〔例2〕 cos⁻¹ 0 （ラジアンで返す場合）
（rad モード） SHIFT cos （cos⁻¹） 0 = → $\frac{1}{2}\pi$

〔例3〕 tan⁻¹ 0.2232007218 （度分秒で返す場合）
（deg モード） SHIFT tan （tan⁻¹） 0 . 2 2 3 2 0 0
7 2 1 8 = → 12.58222222 → ° ' "
→ 12°34'56"

◆円周率 π，自然対数の底（ネイピア数）e の入力

円周率 π や自然対数の底（ネイピア数）e は，いちいち数値を入力しなくても以下のキーにより入力できる。

〔例1〕 円周率 π
SHIFT ×10ˣ （π） = → π → S⇔D → 3.141592654

〔例2〕 自然対数の底（ネイピア数）e
ALPHA ×10ˣ （e） = → 2.718281828

CHAPTER 2

単 位

ここでは長さや質量や時間などのさまざまな量の基準となる単位（unit）について学ぶ。

2.1 量と単位

たとえば、全長 294 m のコンテナ船がある。この 294 m を、長さを表す量という。この量は、長さという量の基準となる単位である m と倍数となる数値 294 を掛け合わせた形で表される。つまり、量の大きさは次のように、その単位の何倍かで表すことができる。

$$量 = 倍数 \times 単位 = 294 \times m = 294\,m$$

2.2 国際単位系（SI）

従来は、メートル法やヤード・ポンド法など、いくつかの単位系が国や習慣により、さまざまに使用されてきた。現代では、国際的に統一された単位系の必要性から、**国際単位系（SI）** が定められ、わが国でも SI 単位が取り入れられている。

SI は基本単位と組立単位によって構成されている。

表 2.1　7 つの基本単位（SI）

基本量	単位の名称	単位の記号
長さ	メートル	m
質量	キログラム	kg
時間	秒	s
電流	アンペア	A
絶対温度	ケルビン	K
物質量	モル	mol
光度	カンデラ	cd

表2.2 基本単位を用いて表されるSI組立単位の例

組立量	単位の名称	単位の記号
面積	平方メートル	m^2
体積	立方メートル	m^3
速さ,速度	メートル毎秒	m/s
加速度	メートル毎秒毎秒	m/s^2
密度	キログラム毎立方メートル	kg/m^3
面積密度	キログラム毎平方メートル	kg/m^2
電流密度	アンペア毎平方メートル	A/m^2
磁界の強さ	アンペア毎メートル	A/m
量濃度,濃度	モル毎立方メートル	mol/m^3
輝度	カンデラ毎平方メートル	cd/m^2
波数	毎メートル	m^{-1}

表2.3 固有の名称と記号で表されるSI組立単位の例

組立量	単位の名称	単位の記号	備考
平面角	ラジアン	rad	1 rad=1 m/m=1
周波数	ヘルツ	Hz	$1 Hz=1 s^{-1}$
力	ニュートン	N	$1 N=1 kg·m/s^2$
応力,圧力	パスカル	Pa	$1 Pa=1 N/m^2$
エネルギー,仕事,熱量	ジュール	J	1 J=1 N·m
仕事率	ワット	W	1 W=1 J/s
電荷,電気量	クーロン	C	1 C=1 A·s
電圧,起電力	ボルト	V	1 V=1 W/A
静電容量	ファラド	F	1 F=1 C/V
電気抵抗	オーム	Ω	1 Ω=1 V/A
セルシウス温度	セルシウス度	℃	1 ℃=1 K

SI基本単位の定義は以下のとおり。

① 長さ：メートル（単位記号：m）

　メートルとは，1秒の299792458分の1の時間に光が真空中を伝わる行程の長さである。

表 2.4 SI 単位と共に用いることができる非 SI 単位

量	単位の名称	単位の記号	定義
時間	分	min	1 min = 60 s
	時	h	1 h = 60 min
	日	d	1 d = 24 h
平面角	度	°	1° = (π/180) rad
	分	′	1′ = (1/60)°
	秒	″	1″ = (1/60)′
体積	リットル	l, L	1 l = 1 dm^3
質量	トン	t	1 t = 10^3 kg

表 2.5 その他の非 SI 単位の例

量	単位の名称	単位	備考
距離	海里	M, Nm	1 M = 1852 m
速さ	ノット	kn	1 kn = 1 M/h = 1852 m/h
回転数	回転毎分	r/min	

② 質量：キログラム（単位記号：kg）

　キログラムは質量の単位であって，単位の大きさは国際キログラム原器の質量に等しい。

③ 時間：秒（単位記号：s）

　秒は，セシウム 133 の原子の基底状態の 2 つの超微細構造準位の間の遷移に対応する放射の周期の 9192631770 倍の継続時間である。

④ 電流：アンペア（単位記号：A）

　アンペアは，真空中に 1 メートルの間隔で平行に配置された無限に小さい円形断面積を有する無限に長い 2 本の直線状導体のそれぞれを流れ，これらの導体の長さ 1 メートルにつき 2×10^{-7} ニュートンの力を及ぼし合う一定の電流である。

⑤ 絶対温度：ケルビン（単位記号：K）

　絶対温度の単位，ケルビンは，水の三重点の熱力学温度の 1/273.16 である。

⑥　物質量：モル（単位記号：mol）

　モルは，0.012 キログラムの炭素 12 のなかに存在する原子の数に等しい数の要素粒子を含む系の物質量である。

　モルを用いるとき，要素粒子が指定されなければならないが，それは原子，分子，イオン，電子，その他の粒子またはこの種の粒子の特定の集合体であってよい。

⑦　光度：カンデラ（単位記号：cd）

　カンデラは，周波数 540 テラヘルツの単色放射を放出し，所定の方向におけるその放射強度が 1/683 ワット毎ステラジアンである光源の，その方向における光度である。

2.3　量記号と単位記号

　代表的な**量記号**と**単位記号**を表 2.6 に表す。量記号はローマ字またはギリシャ文字で表すことが多く，斜体（イタリック体）の文字を用いている。また，

表2.6　量記号と単位記号の例

量の名称	量記号	単位記号	単位の名称
長さ	L, l, S	m	メートル
質量	m	kg	キログラム
時間	t	s	秒
面積	A, S	m^2	平方メートル
体積	V	m^3	立方メートル
速さ	u, v, w	m/s	メートル毎秒
加速度	a	m/s^2	メートル毎秒毎秒
密度	ρ	kg/m^3	キログラム毎立方メートル
力	F	N	ニュートン
圧力	P	Pa N/m^2	パスカル ニュートン毎平方メートル
電流	I	A	アンペア

単位記号は原則として直立体（ローマン体）の小文字を用いるが，単位の名称が固有名詞から導かれているものは，1文字の場合はA（アンペア）やN（ニュートン）のように大文字とし，2文字の場合はPa（パスカル）のように初めの文字のみを大文字としている。

2.4 次元

距離という量は m（メートル）という単位で測定しても，ft（フィート）あるいは M（海里）で測定しても，それは距離であることに変わりがない。この距離という同じ性質を表すのに**次元**を用いる。距離の次元を長さと呼ぶ。

次元である長さ，質量および時間を特定する記号はそれぞれ L，M および T を用いる。しばしばカッコ［　］を使って物理量の次元を表す。たとえば，速さ v の次元は $[v] = [L/T]$ のように表示する。また面積 A の次元は $[A] = [L^2]$ である。

2.5 長さ

長さは距離や寸法などを表すことに使われる。基本単位は m（メートル）である。

例題 2-1　7.76 mm を (m) の単位に換算しなさい。

解　$7.76 \text{ mm} = 7.76 \times \dfrac{1}{1000} \text{ m} = \dfrac{7.76}{10^3} \text{ m} = 7.76 \times 10^{-3} \text{ m}$

2.6 面積

面積は土地の広さや物の大きさを表すときに使われる。面積 $A(\text{m}^2)$ = 長さ l (m) × 長さ l (m) で求めることができる。

例題 2-2　7.2 m² の面積を (cm²) の単位に換算しなさい。

解　$7.2 \text{ m}^2 = 7.2 \times 100 \text{ cm} \times 100 \text{ cm} = 7.2 \times 10^2 \times 10^2 \text{ cm}^2 = 7.2 \times 10^4 \text{ cm}^2$

2.7　体積

体積は物の大きさや量を表すときに使われる。体積 $V(\text{m}^3)$ = 面積 $A(\text{m}^2)$ × 長さ $l(\text{m})$ で求めることができる。

例題 2-3　12 mm³ の体積を(m³)の単位に換算しなさい。

解　$12 \text{ mm}^3 = 12 \times \dfrac{1}{1000} \text{ m} \times \dfrac{1}{1000} \text{ m} \times \dfrac{1}{1000} \text{ m} = 12 \times \dfrac{1}{10^9} \text{ m}^3 = 1.2 \times 10^{-8} \text{ m}^3$

2.8　時間

時間の基本単位は秒(s)であるが，通常，日(d)，時(h)，分(min)なども使用される。1秒よりも長い時間は60進数が使われ，1秒よりも短い時間は10進数が使われる。

例題 2-4　120 秒を(min)の単位に換算しなさい。

解　$120 \text{ s} = 120 \times \dfrac{1}{60} \text{ min} = \dfrac{120}{60} \text{ min} = 2 \text{ min}$

2.9　平面角(度・分・秒)

平面角では，単位に度(°)，分(′)，秒(″)が使用されることが多い。分および秒の単位は60進数が使われ，度の単位は10進数が使われる。

$$1° = 60′$$
$$1′ = 60″$$
$$1′ = \dfrac{1}{60}°$$

52

$$1'' = \frac{1}{60}'$$

例題 2-5　$3°$ を $(')$ の単位に換算しなさい。

解　$1° = 60'$ より，$3° = 3 \times 60' = 180'$

2.10　速さ

速さの基本単位は m/s（メートル毎秒）である。速さ v (m/s) は物体が単位時間あたりに移動した距離として表される。したがって，速さ v (m/s)，移動距離 s (m)，時間 t (s) の関係は次の式で表される。

$$速さ = \frac{移動距離}{時間}$$

$$v\,(\mathrm{m/s}) = \frac{s\,(\mathrm{m})}{t\,(\mathrm{s})}$$

1 m/s とは，1 秒間に 1 m 進む速さ（秒速）をいう。

1 m/min とは，1 分間に 1 m 進む速さ（分速）をいう。

1 km/h とは，1 時間に 1 km 進む速さ（時速）をいう。

船舶の速さを表す場合，通常，ノット（kn）の単位を用いる。1 ノットは 1 海里（1852 m）の距離を 1 時間で移動する速さを表している。1 ノット = 1.852 km/h である。

例題 2-6　時速 36 km/h の自動車の秒速 (m/s) を求めなさい。

解　36 km = 36000 m，1 h = 3600 s だから

$$36\ \mathrm{km/h} = \frac{36000\ \mathrm{m}}{3600\ \mathrm{s}} = 10\ \mathrm{m/s}$$

53

2.11 加速度

加速度の基本単位は m/s² (メートル毎秒毎秒) である。加速度は単位時間あたりの速さの変化をいう。加速度が一定の運動を等加速度運動という。したがって，加速度 a (m/s²)，速さの変化 (速さ v_0 (m/s) から速さ v (m/s) に変化したとき)，時間 t (s) の関係は次の式で表される。

$$加速度 = \frac{速さの変化}{時間}$$

$$a\,(\mathrm{m/s^2}) = \frac{v - v_0\,(\mathrm{m/s})}{t\,(\mathrm{s})}$$

例題 2-7 ある物体が静止した状態から秒速 5 m/s に達するのに 10 秒かかったときの加速度 (m/s²) を求めなさい。

解 初速度 $v_0 = 0$ m/s, $v = 5$ m/s だから

$$加速度\ a = \frac{v - v_0}{t} = \frac{5\,\mathrm{m/s} - 0\,\mathrm{m/s}}{10\,\mathrm{s}} = \frac{5\,\mathrm{m/s}}{10\,\mathrm{s}} = \frac{1}{2}\,\mathrm{m/s^2} = 0.5\,\mathrm{m/s^2}$$

2.12 質量

質量の基本単位は kg (キログラム) を用いる。

例題 2-8 800 g を (kg) の単位に換算しなさい。

解 $800\,\mathrm{g} = 800 \times \dfrac{1}{1000}\,\mathrm{kg} = \dfrac{800}{1000}\,\mathrm{kg} = 0.8\,\mathrm{kg}$

2.13 密度

密度はある物質の単位体積あたりの質量をいう。したがって，密度 ρ (kg/m³) は，体積 V (m³) と質量 m (kg) から次の関係式で表される。

$$\text{密度} = \frac{\text{質量}}{\text{体積}}$$

$$\rho\,(\text{kg/m}^3) = \frac{m\,(\text{kg})}{V\,(\text{m}^3)}$$

例題 2-9 密度 $1000\,\text{kg/m}^3$ の水を (g/cm^3) の単位に換算しなさい。

解 $1\,\text{kg} = 1000\,\text{g} = 10^3\,\text{g}$, $1\,\text{m}^3 = 1 \times 100\,\text{cm} \times 100\,\text{cm} \times 100\,\text{cm} = 10^6\,\text{cm}^3$ だから

$$1000\,\text{kg/m}^3 = 1000 \times \frac{10^3\,\text{g}}{10^6\,\text{cm}^3} = \frac{10^6}{10^6}\,\text{g/cm}^3 = 1\,\text{g/cm}^3$$

2.14 力

力の基本単位は N（ニュートン）を用いる。物体に力が働くとき，その力 F (N) は物体の質量 m (kg) と加速度 a (m/s²) により次の関係式で表される。

力 = 質量 × 加速度

$F\,(\text{N}) = ma$

$1\,\text{N} = 1\,\text{kg} \times 1\,\text{m/s}^2 = 1\,\text{kg} \cdot \text{m/s}^2$

地球上では重力加速度 g (m/s²) が働くので，質量 1 kg の物体に働く重力 F (N) を $g = 9.8\,\text{m/s}^2$ とすれば，次のように求められる。

$$F = ma = mg = 1\,\text{kg} \times 9.8\,\text{m/s}^2 = 9.8\,\text{N}$$

例題 2-10 机の上に質量 1.5 kg の物体を乗せたとき，机が受ける力 F (N) を求めなさい。

解 質量 1.5 kg の物体には重力加速度が働くので，$g = 9.8\,\text{m/s}^2$ とすれば

力 $F = ma = 1.5\,\text{kg} \times 9.8\,\text{m/s}^2 = 14.7\,\text{N}$

2.15 圧力

圧力の基本単位は N/m^2 および Pa（パスカル）を用いる。圧力は単位面積あたりに働く力である。したがって，圧力 $P\,(N/m^2)$ は，力 $F\,(N)$ と断面積 $A\,(m^2)$ の関係式で表される。

$$圧力 = \frac{面に働く力}{断面積}$$

$$P\,(N/m^2) = \frac{F\,(N)}{A\,(m^2)}$$

$1\,\text{Pa}（パスカル）= 1\,N/m^2$

$1\,\text{hPa}（ヘクトパスカル）= 100\,N/m^2 = 10^2\,N/m^2$

$1\,\text{kPa}（キロパスカル）= 1000\,N/m^2 = 10^3\,N/m^2$

$1\,\text{MPa}（メガパスカル）= 1000000\,N/m^2 = 10^6\,N/m^2$

例題 2-11 $10\,N/m^2$ を（Pa）の単位に換算しなさい。

解 $1\,N/m^2 = 1\,\text{Pa}$ より，$10\,N/m^2 = 10 \times 1\,\text{Pa} = 10\,\text{Pa}$

2.16 応力

応力の基本単位は N/m^2 および Pa（パスカル）を用いる。物体に外力が働くとき，物体の内部には外力に抵抗する力が生じる。応力は，このときの力を単位面積あたりで表したものをいう。したがって，応力 $\sigma\,(N/m^2)$ は外力 $F\,(N)$ と断面積 $A\,(m^2)$ の関係式で表される。

$$応力 = \frac{面に働く力}{断面積}$$

$$\sigma\,(N/m^2) = \frac{F\,(N)}{A\,(m^2)}$$

例題 2-12 断面積 $20\,\mathrm{mm}^2$ の鋼材を $480\,\mathrm{N}$ の力で引っ張ったときの引張応力 ($\mathrm{N/mm}^2$) を求めなさい。

解 断面積 $A = 20\,\mathrm{mm}^2$, 外力 $F = 480\,\mathrm{N}$ とすれば

$$応力\ \sigma = \frac{F}{A} = \frac{480\,\mathrm{N}}{20\,\mathrm{mm}^2} = 24\,\mathrm{N/mm}^2$$

2.17 仕事

仕事の基本単位は J (ジュール) を用いる。ある物体を，力 $F\,(\mathrm{N})$ で力の方向に $l\,(\mathrm{m})$ だけ移動させたとき，力 $F\,(\mathrm{N})$ は $F \cdot l\,(\mathrm{N \cdot m})$ の仕事 $W\,(\mathrm{J})$ をしたという。すなわち

$$仕事 = 力 \times 移動距離$$
$$W\,(\mathrm{J}) = F\,(\mathrm{N}) \times l\,(\mathrm{m}) = F \cdot l\,(\mathrm{N \cdot m})$$
$$1\,\mathrm{N \cdot m} = 1\,\mathrm{J}$$

例題 2-13 ある物体に $200\,\mathrm{N}$ の力が働いて，力の方向に $3\,\mathrm{m}$ 移動した。このときの仕事(J)を求めなさい。

解 仕事 $W\,(\mathrm{J}) = F\,(\mathrm{N}) \times l\,(\mathrm{m})$ より，$W = 200\,\mathrm{N} \times 3\,\mathrm{m} = 600\,\mathrm{N \cdot m}$

2.18 仕事率

仕事率の基本単位には W (ワット) を用いる。仕事率は動力とも言われる。仕事率 $P\,(\mathrm{W})$ は，仕事を $W\,(\mathrm{J})$，これに要した時間を $t\,(\mathrm{s})$ とすると，次の関係式で表される。

$$仕事率 = \frac{仕事}{時間}$$

$$P\,(\mathrm{W}) = \frac{W\,(\mathrm{J})}{t\,(\mathrm{s})}$$

$$1\,W = 1\,J/s = 1\,N\cdot m/s$$

例題 2-14 20秒間に500Jの仕事をしたときの仕事率(W)を求めなさい。

解 仕事率 $P = \dfrac{W}{t}$ より, $P = \dfrac{500\,J}{20\,s} = 25\,J/s = 25\,W$

2.19 電流

電流の大きさを表す単位はA（アンペア）である。

$$1\,A\,（アンペア）= 1000\,mA = 10^3\,mA$$

$$1\,mA\,（ミリアンペア）= \dfrac{1}{1000}\,A = 10^{-3}\,A$$

$$1\,\mu A\,（マイクロアンペア）= \dfrac{1}{1000000}\,A = 10^{-6}\,A$$

例題 2-15 40A を(mA)の単位に書き換えなさい。

解 $1\,A = 10^3\,mA$ より, $40\,A = 40 \times 10^3\,mA = 4.0 \times 10^4\,mA$

2.20 電圧

電圧の大きさを表す単位はV（ボルト）である。

$$1\,V\,（ボルト）= 1000\,mV = 10^3\,mV$$

$$1\,kV\,（キロボルト）= 1000\,V = 10^3\,V$$

$$1\,mV\,（ミリボルト）= \dfrac{1}{1000}\,V = 10^{-3}\,V$$

例題 2-16 0.4mV を(V)の単位に書き換えなさい。

解 $1\,mV = 10^{-3}\,V$ より, $0.4\,mV = 0.4 \times 10^{-3}\,V$

2.21 抵抗

抵抗を表す単位にはΩ（オーム）を用いる。

$$1\,\text{k}\Omega\,(\text{キロオーム}) = 1000\ \Omega = 10^3\ \Omega$$

$$1\,\text{M}\Omega\,(\text{メガオーム}) = 1000000\ \Omega = 10^6\ \Omega$$

$$1\,\text{m}\Omega\,(\text{ミリオーム}) = \frac{1}{1000}\ \Omega = 10^{-3}\ \Omega$$

$$1\,\mu\Omega\,(\text{マイクロオーム}) = \frac{1}{1000000}\ \Omega = 10^{-6}\ \Omega$$

例題 2-17　7.9 kΩ を (Ω) の単位に書き換えなさい。

解　$1\,\text{k}\Omega = 10^3\,\Omega$ より，$7.9\,\text{k}\Omega = 7.9 \times 10^3\,\Omega$

2.22 オームの法則

電流 I (A)，電圧 V (V)，抵抗 R (Ω) の間には，次の**オームの法則**が成り立つ。

$$I = \frac{V}{R}\ (\text{A})$$
$$V = RI\ (\text{V})$$
$$R = \frac{V}{I}\ (\Omega)$$

例題 2-18　24Ω の抵抗に電圧 6 V を加えたとき，抵抗に流れる電流(A)を求めなさい。

解　電流 $I = \dfrac{V}{R} = \dfrac{6}{24} = 0.25$ A

*

問題 2-1 次の量の名称における単位記号と量記号を例にならって書きなさい。

　　　　　　　単位記号　　　量記号
〔例〕 長さ　　（ m ）　　（ l ）
① 質量　　（　　）　　（　　）
② 時間　　（　　）　　（　　）
③ 面積　　（　　）　　（　　）
④ 体積　　（　　）　　（　　）
⑤ 速さ　　（　　）　　（　　）
⑥ 加速度　（　　）　　（　　）
⑦ 密度　　（　　）　　（　　）

問題 2-2 次元である長さ[L]，質量[M]，時間[T]を使って，例にならって次の量の次元を求めなさい。

〔例〕 面積 A　　面積 $[A]$ = 長さ[L] × 長さ[L] = $[L^2]$

① 体積 V　　② 速さ v　　③ 加速度 a　　④ 力 F

問題 2-3 長さに関する次の問いに答えなさい。

① 1海里の長さは1852mである。これを(km)の単位に換算しなさい。
② 全長が3.65m，全幅が1.53mの小型船がある。この長さをそれぞれ(mm)単位に換算しなさい。
③ 長さが1580mm，幅が950mm，高さが720mmのテーブルがある。この長さをそれぞれ(m)単位に換算しなさい。
④ 直径50mmの円柱がある。この円柱の外周を(cm)単位で求めなさい。

問題 2-4 面積に関する次の問いに答えなさい。

① 5cm^2 の面積を(mm^2)の単位に換算しなさい。
② 3mm^2 の面積を(m^2)の単位に換算しなさい。
③ 40cm^2 の面積を(m^2)の単位に換算しなさい。
④ 縦が15mm，横が8mmの角棒の断面積(mm^2)を求めなさい。
⑤ 半径が5mmの丸棒の断面積(mm^2)を求めなさい。

問題 2-5 体積に関する次の問いに答えなさい。

① 1.3 m³ の体積を (mm³) の単位に換算しなさい．
② 5.4 cm³ の体積を (m³) の単位に換算しなさい．
③ 30 ml の体積を (l) の単位に換算しなさい．
④ 2.3 l の体積を (cm³) の単位に換算しなさい．
⑤ 長さが 30 mm，幅が 5 mm，高さが 2 mm の長方形の体積 (mm³) を求めなさい．
⑥ 長さが 1 m，幅が 20 mm，厚さが 15 mm の長方形の体積 (mm³) を求めなさい．
⑦ 半径 10 mm，長さが 1 m の丸棒の体積 (mm³) を求めなさい．

問題 2-6 時間に関する次の問いに答えなさい．
① 54 秒を (min) の単位に換算しなさい．
② 1.2 時間を (min) の単位に換算しなさい．
③ 210 分を (h) の単位に換算しなさい．
④ 28 分を (s) の単位に換算しなさい．
⑤ 3.43 秒を (ms) の単位に換算しなさい．
⑥ 7200 時間を (d) の単位に換算しなさい．
⑦ 100 日を (h) の単位に換算しなさい．

問題 2-7 平面角に関する次の問いに答えなさい．
① 0.6° を (′) の単位に換算しなさい．
② 0.2′ を (″) の単位に換算しなさい．
③ 42″ を (′) の単位に換算しなさい．
④ 54′ を (°) の単位に換算しなさい．

問題 2-8 速さに関する次の問いに答えなさい．
① 100 m を 10 秒で走る人の時速 (km/h) を求めなさい．
② 24 m の距離を 0.6 秒で通過する物体の秒速 (m/s) を求めなさい．
③ 400 km の距離を 2 時間 30 分で走る列車の平均時速 (km/h) を求めなさい．
④ 20 ノットの船舶の時速 (km/h) を求めなさい．
⑤ 3.6 ノットの海流の秒速 (m/s) を求めなさい．

問題 2-9 加速度に関する次の問いに答えなさい。

① 電車が発車してから等加速度運動をして 30 秒後に 54 km/h になったとき，加速度(m/s²)はいくらか求めなさい。

② 時速 72 km で走行している自動車が，減速して時速 36 km になるまで 10 秒かかった。このときの加速度(m/s²)を求めなさい。

③ 初速度 12 m/s の物体が 1.75 m/s² の等加速度で 27.8 m/s の速度になるためには何秒かかるか求めなさい。

問題 2-10 質量に関する次の問いに答えなさい。

① 3800 mg を(g)の単位に換算しなさい。

② 1200 kg を(t)の単位に換算しなさい。

③ 450 kg を(g)の単位に換算しなさい。

④ 0.64 g を(mg)の単位に換算しなさい。

⑤ 3.5 mg を(g)の単位に換算しなさい。

問題 2-11 密度に関する次の問いに答えなさい。

① 密度 2.7 g/cm³ のアルミニウムを(t/m³)の単位に換算しなさい。

② 密度 7.6 × 10³ kg/m³ のステンレスを(g/cm³)の単位に換算しなさい。

③ 密度 8.9 g/cm³ の銅を(kg/m³)の単位に換算しなさい。

問題 2-12 力に関する次の問いに答えなさい。

① 質量 60 kg の人が体重計に乗っているとき，体重計に加わる力 F(N)を求めなさい。

② 質量 3 kg の物体に 1.2 m/s² の加速度が水平方向に働いたとき，物体に加わる力 F(N)を求めなさい。

③ 荷物を積んだ質量 80 kg の台車が 2.3 m/s² の加速度で動き出したときの力 F(N)を求めなさい。

④ 質量 100 kg の荷物をクレーンで真上に 1.0 m/s² の加速度で引き上げるには，どれだけの力 F(N)が必要か求めなさい。

⑤ 人の乗ったエレベータが 0.5 m/s² の加速度で上昇を始めるとき，質量 50 kg の人がエレベータの床を押す F(N)を求めなさい。

CHAPTER 2　単　位

問題 2-13　圧力に関する次の問いに答えなさい。
① 1000 hPa を（N/m²）の単位に換算しなさい。
② 10 kN/m² を（N/cm²）の単位に換算しなさい。
③ 15 N/m² を（N/mm²）の単位に換算しなさい。
④ 50 N/cm² を（kN/m²）の単位に換算しなさい。
⑤ 底面積が 0.2 m² の水槽内の水が 600 N の力で底面を押すときの圧力は何 kPa か求めなさい。
⑥ 断面積が 20 cm² のパイプのなかの液体に 400 N の力を加えたときの圧力は何 kPa か求めなさい。
⑦ 半径 100 mm の柱の底面が 157 N の力で地面を押しているときの圧力は何 kPa か求めなさい。

問題 2-14　応力に関する次の問いに答えなさい。
① 断面積が 300 mm² の鋼材が 60 kN の圧縮力を受けたときの圧縮応力（N/mm²）を求めなさい。
② 断面の半径 10 mm の丸棒を 314 N の力で引っ張ったときの引張応力（N/mm²）を求めなさい。
③ 断面積 70 mm² の鋼材を 210 N の力で引っ張ったときの引張応力（MPa）を求めなさい。
④ 縦 20 mm，横 30 mm の長方形の断面を持つ鋼材が 600 N の圧縮力を受けたときの圧縮応力（MPa）を求めなさい。

問題 2-15　仕事に関する次の問いに答えなさい。
① 質量が 1 kg の物体を垂直に 1 m 持ち上げたときの仕事（J）を求めなさい。
② 水面から高さ 15 m のところにあるタンクに質量 1000 kg の水をくみ上げるときの仕事を求めなさい。

問題 2-16　仕事率に関する次の問いに答えなさい。
① 質量 800 kg の荷物を地面から 5 m の高さへ 70 秒間でつり上げるクレーンの仕事率は何 kW になるか求めなさい。
② 深さ 10 m の井戸から，140 秒間に質量 500 kg の水をくみ上げるのに必

要な動力は何 W か求めなさい。

問題 2-17 電流に関する次の問いに答えなさい。
① 200 mA を (A) の単位に書き換えなさい。
② 15 A を (μA) の単位に書き換えなさい。
③ 7 mA を (μA) の単位に書き換えなさい。

問題 2-18 電圧に関する次の問いに答えなさい。
① 160 mV を (kV) の単位に書き換えなさい。
② 90 kV を (mV) の単位に書き換えなさい。

問題 2-19 抵抗に関する次の問いに答えなさい。
① 21 MΩ を (Ω) の単位に書き換えなさい。
② 45 mΩ を (Ω) の単位に書き換えなさい。
③ 100 μΩ を (Ω) の単位に書き換えなさい。

問題 2-20 オームの法則に関する次の問いに答えなさい。
① 150 Ω の抵抗に電圧 12 V を加えたとき、抵抗に流れる電流 (mA) を求めなさい。
② 抵抗 60 Ω の電熱線に 0.5 A の電流を流すために加える電圧 (V) を求めなさい。
③ 抵抗 100 Ω に 20 mA の電流が流れている。抵抗の両端の電圧 (V) を求めなさい。
④ ある抵抗に 6 V の電圧を加えると 1.2 A の電流が流れた。この抵抗の値 (Ω) を求めなさい。
⑤ 120 mA の電流が流れている抵抗の両端の電圧が 6 V であった。この抵抗の値 (Ω) を求めなさい。

CHAPTER 3

三角比の基本定理

　航海系,機関系の基礎科目を理解するにあたり,非常に多くの局面で三角比,三角関数の演算が必要となる。航海系では地文航法,天文航法,船舶工学,操船論,船体運動など,機関系では材料力学,流体力学,電気工学など,三角関数の知識なしに理解するのは不可能と言ってよい。言い換えれば,三角関数をしっかりと理解しておけば,専門科目の理解がかなり向上するとも言える。本書ではページ数を通常の教科書よりも多めに割き,本章では三角比の基礎事項,基礎公式,諸定理について学習する。

3.1 　三角比の定義

　三角比とは単純に言えば「三角形の2辺の比」のことであり,長さや角度といった次元を持たない関数である。船舶の設計や運用にとどまらず,ものづくり,構造物の建築,土木計画,デザイン,画像処理,制御システムなど,世の中のあらゆる現象が三角比の知識なしに理解することは不可能と言ってよい。ここでは,まず基本的な状況を想定し,図 3.1 に示すような直角三角形を対象に考える。

　図に示す直角三角形おいて,それぞれの辺を以下のように定義する。

- 直角に対して向かい側にある辺(辺 a)を**斜辺**という
- その他の角でいま注目している角(角 θ)の向かい側の辺(辺 c)を

$$\sin\theta = \frac{c}{a} = \frac{高さ}{斜辺}$$

$$\cos\theta = \frac{b}{a} = \frac{底辺}{斜辺}$$

$$\tan\theta = \frac{c}{b} = \frac{高さ}{底辺}$$

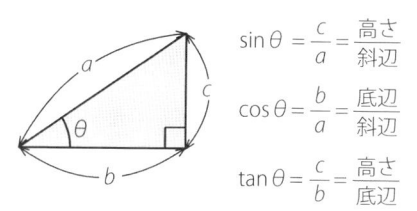

図 3.1　三角比の定義

高さまたは**対辺**という
- 角 θ と隣り合う，斜辺ではないほうの辺（辺 b）を**底辺**という

三角比は，この斜辺，高さ，底辺の関係（比）を表したものである。また，sin（サイン）を正弦，cos（コサイン）を余弦，tan（タンジェント）を正接と呼ぶ。それぞれの定義は図 3.1 に示すようになる。

例題 3.1　右図のような直角三角形において辺 x, y の長さを求めよ。

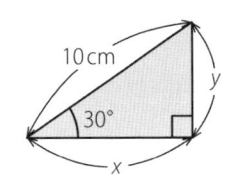

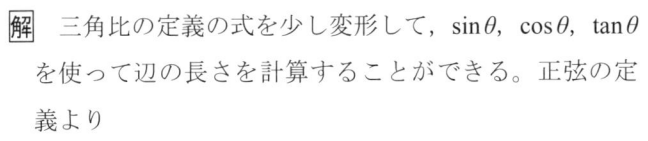

解　三角比の定義の式を少し変形して，$\sin\theta$, $\cos\theta$, $\tan\theta$ を使って辺の長さを計算することができる。正弦の定義より

$$\sin 30° = \frac{高さ}{斜辺} = \frac{y}{10}$$

ここで正弦 $\sin 30° = 0.5$ より

$$高さ\ y = 10\sin 30° = 10 \times 0.5 = 5\ [\text{cm}]$$

として求めることができる。同様にして，余弦 $\cos 30° = 0.866$ より

$$底辺\ x = 10\cos 30° = 8.66\ [\text{cm}]$$

と求められる。

例題 3-2　右図のような直角三角形において辺 x の長さを求めよ。

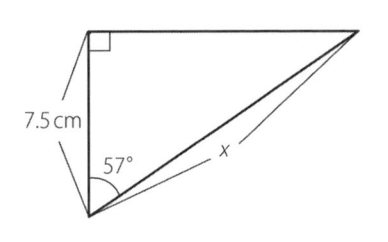

解　ここで既知なのが底辺の長さと角度であるから，余弦の定義より

$$\cos 57° = \frac{底辺}{斜辺} = \frac{7.5}{x}$$

ここで余弦 $\cos 57° = 0.5446$ であるので

$$斜辺\ x = \frac{7.5}{\cos 57°} = 13.77\ [\text{cm}]$$

と求められる。

《ポイント①》定義を覚えよう！

三角比の覚え方として，図 3.2 の左図のように各角の回りに筆記体で sin, cos, tan と書いて，その形から覚える方法が一般的である。

ただし，これはあくまで定義を思い出すきっかけと考え，斜辺，高さ，底辺の比として三角比を覚えるようにしよう。正しく覚えていないと，図 3.2 の右図のように三角形の描き方が変わると辺の関係がわからなくなり混乱することになる。

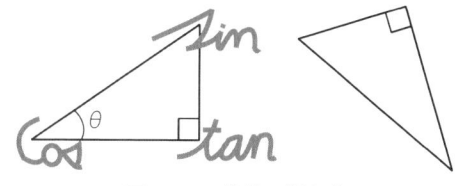

図 3.2 三角比の覚え方

3.2 角度の定義

これまで小学校と中学校では，角度といえば 0 〜 360° まであること，三角形の角度の和は必ず 180° になることなどを習ったのを覚えているだろうか。中学校までの数学では角度の単位として度（°）がよく使われたが，高校からの数学や物理，工学では，もう一つの角度の単位である**弧度法（ラジアン）**を使用することが多い。

さて，円周率 $\pi = 3.14159\cdots$ を用いた「円周の長さ＝$2\pi \times$円の半径」という公式も記憶にあると思う。これは，度（°）とは異なる，「円弧の長さが半径の何倍になっているか」という角度の単位である弧度法（ラジアン）の基になる。円の一周の中心角度である 360° を「2π」の部分で表現している。また「π」はこの弧度法で表した半円の中心角度である 180° を表す。つまり，1 ラジアンとは図 3.3 に示すとおり，円弧の長さが半径と同じになるときの中心角と定義される。

確認のため，円の一周の中心角度 360° を弧度

図 3.3 弧度法の考え方

法で表した角度 x ラジアン（rad）を求めてみる。半径を r とすれば，円周の長さは前述したとおり $2\pi r$ で表せるから，弧度法で表した中心角と円弧の長さの比 $1\,[\text{rad}] : r = x\,[\text{rad}] : 2\pi r$ より，$360°$ は $x = 2\pi\,[\text{rad}]$ となる。

よって，1 rad は

$$\frac{360°}{2\pi} = 57.29577\cdots°$$

に相当する。これより，度で表した角度 $y°$ とラジアンで表した角度 $x\,\text{rad}$ の変換関係は次のようになる。

$$\boxed{x\,[\text{rad}] = \frac{\pi}{180}y\,[°]} \qquad \because x = y \div \frac{360°}{2\pi} = y \times \frac{\pi}{180}$$

実験実習や卒業研究などコンピュータ上で角度の計算を行う場合，度でなくラジアン表示で行うため，両者の関係をしっかりと把握しておこう。

《ポイント②》関数電卓での角度変換

関数電卓で角度を使った計算をする場合には注意が必要である。角度の表示として「度」と「ラジアン」を切り替えて使うようになっている。SHIFT ボタン，次に MODE（SETUP）ボタンを押して角度モードの切り替え画面にする。

```
1:MthIO   2:LineIO
3:Deg     4:Rad
5:Gra      ⋮
  ⋮
```

ここで
- 3を選択する（ 3 のボタンを押す）と角度の単位が度になり，画面上部に D が表示される。
- 4を選択する（ 4 のボタンを押す）と角度の単位がラジアンになり，画

面上部に **R** が表示される。

画面上部の表示が **D** か **R** かによって，現在の角度単位を確かめることができる。

例題 3-3　以下の角度について，度の場合は弧度に，弧度の場合は度に変換せよ。

① 142°　　② 2.5 rad

解　① $142° = 142 \times \dfrac{\pi}{180} = 2.478\cdots = 2.48$ rad

② $2.5 \text{ rad} = 2.5 \times \dfrac{180}{\pi} = 143.239\cdots = 143.24°$

例題 3-4　次の値を求めよ。

① $\sin 63°$　　② $\tan 2.2$　　③ $\cos 0.89\pi$

※単位がない場合はラジアンである。

解　① $\sin 63° = 0.891\cdots = 0.89$

② $\tan 2.2 \text{ rad} = -1.373\cdots = -1.37$

③ $\cos(0.89 \times \pi) \text{ rad} = -0.9408\cdots = -0.94$

3.3　三角比の性質

三角比どうしの関係について，数式の変形などのために知っている必要がある。確認しておこう。

例題 3-5　右図の三角形について，角 A と角 B 各々の sin, cos, tan の値を求めよ。

解　∠A に対しては，高さは辺 BC，底辺は辺 CA であり

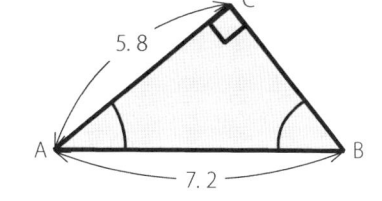

$$\sin \angle A = \frac{\text{高さ}}{\text{斜辺}} = \frac{\text{BC}}{\text{AB}} = \frac{\sqrt{7.2^2 - 5.8^2}}{7.2} = 0.5925\cdots = 0.593$$

$$\cos\angle A = \frac{底辺}{斜辺} = \frac{CA}{AB} = \frac{5.8}{7.2} = 0.8055\cdots = 0.806$$

$$\tan\angle A = \frac{高さ}{底辺} = \frac{BC}{CA} = \frac{\sqrt{7.2^2 - 5.8^2}}{5.8} = 0.73556\cdots = 0.736$$

となる。∠B に対しても同様に，高さ CA，底辺 BC となる。

$$\sin\angle B = \frac{高さ}{斜辺} = \frac{CA}{AB} = \frac{5.8}{7.2} = 0.8055\cdots = 0.806$$

$$\cos\angle B = \frac{底辺}{斜辺} = \frac{BC}{AB} = \frac{\sqrt{7.2^2 - 5.8^2}}{7.2} = 0.5925\cdots = 0.593$$

$$\tan\angle B = \frac{高さ}{底辺} = \frac{CA}{BC} = \frac{5.8}{\sqrt{7.2^2 - 5.8^2}} = 1.3595\cdots = 1.36$$

この例題からわかるように

$$\sin\angle A = \cos\angle B, \quad \cos\angle A = \sin\angle B, \quad \tan\angle A = \frac{1}{\tan\angle B}$$

の関係にある。これは上記の場合で特別に成り立つことではなく，一般に成り立つことである。

たとえば∠A の高さ BC は，∠B から見ると底辺になっている。したがって

$$\sin\angle A = \frac{\angle A の高さ}{直角三角形の斜辺} = \frac{BC}{AB} = \frac{\angle B の底辺}{直角三角形の斜辺} = \cos\angle B$$

同様に

$$\cos\angle A = \frac{\angle A の底辺}{直角三角形の斜辺} = \frac{CA}{AB} = \frac{\angle B の高さ}{直角三角形の斜辺} = \sin\angle B$$

$$\tan\angle A = \frac{\angle A の高さ}{\angle A の底辺} = \frac{BC}{CA} = \frac{\angle B の底辺}{\angle B の高さ} = \frac{1}{\frac{\angle B の高さ}{\angle B の底辺}} = \frac{1}{\tan\angle B}$$

となる。また，∠A + ∠B = 90° であるから，∠A = 90° − ∠B となり，sin ∠A = cos ∠B より

$$\sin(90° - \angle B) = \cos\angle B$$

となる。同様に

$$\cos(90° - \angle B) = \sin\angle B, \quad \tan(90° - \angle B) = \frac{1}{\tan\angle B}$$

となる。一般に

$$\sin(90° - \theta) = \cos\theta, \quad \cos(90° - \theta) = \sin\theta, \quad \tan(90° - \theta) = \frac{1}{\tan\theta}$$

が成り立つ。

また，tan を考えるとき，分母と分子を直角三角形の斜辺で割ると

$$\tan\angle A = \frac{\angle A \text{の高さ}}{\angle A \text{の底辺}} = \frac{\frac{\angle A \text{の高さ}}{\text{直角三角形の斜辺}}}{\frac{\angle A \text{の底辺}}{\text{直角三角形の斜辺}}} = \frac{\frac{BC}{AB}}{\frac{CA}{AB}} = \frac{\sin\angle A}{\cos\angle A}$$

となり，やはり一般に

$$\tan\theta = \frac{\sin\theta}{\cos\theta}$$

が成り立つ。

　直角三角形では，よく知っているように次の「三平方の定理」が成り立つ。図 3.4 の直角三角形を考えると

$$c^2 + b^2 = a^2$$

となる。ここで両辺を a^2 で割ると

$$\left(\frac{c}{a}\right)^2 + \left(\frac{b}{a}\right)^2 = 1$$

$$\sin^2\theta + \cos^2\theta = 1$$

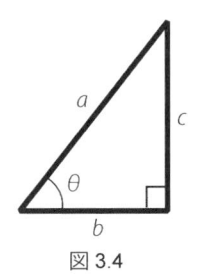

図 3.4

さらに両辺を $\cos^2\theta$ で割ると

$$\left(\frac{\sin\theta}{\cos\theta}\right)^2 + 1 = \frac{1}{\cos^2\theta}$$

$$\tan^2\theta + 1 = \frac{1}{\cos^2\theta}$$

となる。ここで $\dfrac{\sin\theta}{\cos\theta} = \tan\theta$ を用いた。

これも一般的に成り立つ。

$$\boxed{\sin^2\theta + \cos^2\theta = 1, \quad \tan^2\theta + 1 = \frac{1}{\cos^2\theta}}$$

例題 3-6 ある三角形の内角 θ を考える。$\sin\theta = 0.36$ のとき，$\cos\theta$ と $\tan\theta$ を求めよ。ただし $\cos\theta$ は正の値とする。

解 $\sin^2\theta + \cos^2\theta = 1$ の関係および条件 $\cos\theta > 0$ より

$$\cos\theta = \sqrt{1 - \sin^2\theta}$$

となり，計算すると $\cos\theta = 0.933$ となる。$\tan\theta = \dfrac{\sin\theta}{\cos\theta}$ より

$$\tan\theta = \frac{\sin\theta}{\cos\theta} = \frac{0.36}{0.933} = 0.386$$

となる。

例題 3-7 直角三角形の直角でない角の1つを θ とする。$\sin\theta = 0.342$ のとき，$\sin(90° - \theta)$ を求めよ

解 すでに説明したように $\sin(90° - \theta) = \cos\theta$ であるので

$$\cos\theta = \sqrt{1 - \sin^2\theta} = \sqrt{1 - 0.342^2} = 0.94$$

3.4 余弦定理と正弦定理

これまで直角三角形を対象とした三角比を考えてきた。しかし直角三角形は三角形の一部でしかなく，直角三角形でない三角形を対象とした問題も数多く存在する。直角三角形でなくてもあらゆる三角形に当てはまる定理として，以下の2つがある。

- 3つの角度の和は必ず180°になる
- 三角形の3本の中線は1点で交わる

一方，直角三角形でなくてもあらゆる三角形に適用できる三角比の定理として**余弦定理**および**正弦定理**と呼ばれるものがある。図3.5に示すような三角形ABC

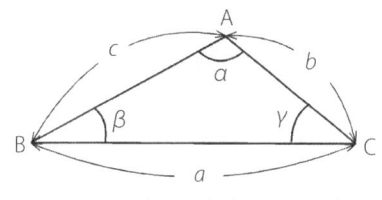

図3.5 三角形の角度と辺の長さ

について，その辺の長さおよび角度をそれぞれ，$a, b, c, \alpha, \beta, \gamma$ とすれば，以下の定理がそれぞれ成り立つ。

---
① 第一余弦定理　$a = b\cos\gamma + c\cos\beta$

② 第二余弦定理　$a^2 = b^2 + c^2 - 2bc\cos\alpha$

③ 正弦定理　$\dfrac{a}{\sin\alpha} = \dfrac{b}{\sin\beta} = \dfrac{c}{\sin\gamma} = 2R$　　ただし，R は外接円の半径

これらを使えば直角三角形以外の三角形やいろいろな図形で辺の長さや角度を求めることができる。

例題 3-8　△ABC において辺 AC = 5.3 cm，辺 BC = 6.2 cm，∠C = 42° のときの，辺 AB の長さを求めよ。

解　第二余弦定理を当てはめると

$$AB^2 = BC^2 + AC^2 - 2 \cdot BC \cdot AC \cdot \cos\angle C$$
$$= 6.2^2 + 5.3^2 - 2 \times 6.2 \times 5.3 \times \cos 42° = 17.690\cdots$$

73

よって，AB = 4.2 [cm] となる。

例題 3-9 余弦定理を用いて右に示す三角形の辺 X の長さを求めよ。

解 ① 第一余弦定理を当てはめる場合
$$X = 16.8\cos 36.53° + 12.4\cos 53.75°$$
$$= 20.83 \text{ [cm]}$$

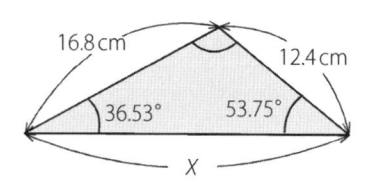

② 第二余弦定理を当てはめる場合
辺 X の対角は $180° - (36.53° + 53.75°) = 89.72°$ であるので
$$X^2 = 16.8^2 + 12.4^2 - 2 \times 16.8 \times 12.4 \times \cos 89.72° = 433.96$$
$$X = \sqrt{433.96} = 20.83 \text{ [cm]}$$

3.5 三角比からの角度の導出

よく知っているように，特別な直角三角形を考えたとき，表 3.1 に示すように三角比の値はある特徴的な値をとる。

表 3.1 30°, 45°, 60° における三角比の値

角度（ラジアン）	$\sin\theta$	$\cos\theta$	$\tan\theta$
30° $\left(\dfrac{\pi}{6}\right)$	$\dfrac{1}{2}$	$\dfrac{\sqrt{3}}{2}$	$\dfrac{1}{\sqrt{3}}$
45° $\left(\dfrac{\pi}{4}\right)$	$\dfrac{1}{\sqrt{2}}$	$\dfrac{1}{\sqrt{2}}$	1
60° $\left(\dfrac{\pi}{3}\right)$	$\dfrac{\sqrt{3}}{2}$	$\dfrac{1}{2}$	$\sqrt{3}$

三角比がこのような値をとるときは，その角度を知ることができるが，一般の値の場合にはすぐにはわからない。そこで以下のような関数を新たに定義する。
- sin の値からその角度を求める関数を arcsin または $\sin^{-1}$
- cos の値からその角度を求める関数を arccos または $\cos^{-1}$

- tan の値からその角度を求める関数を arctan または tan⁻¹

と表す。たとえば

$$\sin^{-1}\left(\frac{高さ}{斜辺}\right) = \sin^{-1}\left(\frac{c}{a}\right) = \theta$$

である。実際の計算では関数電卓を使うと便利である。

例題 3-10 右図で示される角 θ の値を，度とラジアンで求めよ。

解 まず，関数電卓で $\sin\theta$ の値を計算すると，$\frac{6.39}{8.6} = 0.7430\cdots$ となる。

そのまま $\boxed{\text{SHIFT}}$ キーを押して $\boxed{\cos}$ キー（上の橙色の表示は $\cos^{-1}$），次に $\boxed{\text{Ans}}$ キー，最後に $\boxed{=}$ キーを押すと角度が求まる。θ の値は約 42° となる。

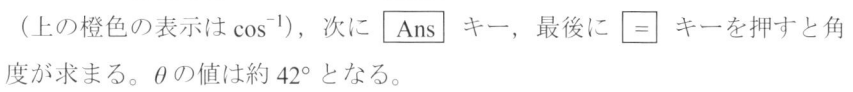

モードをラジアンに変更して上の操作を行うとラジアンで角度が求まり，約 0.73 となる。

例題 3-11 次のとき，それぞれの角度 θ を関数電卓で求め，確認せよ。

① $\sin\theta = \frac{1}{2}$ ② $\cos\theta = \frac{1}{\sqrt{2}}$ ③ $\tan\theta = \sqrt{3}$

解 省略（角度は表 3.1 のようになればよい）

例題 3-12 右のような三角形があるとき，∠B の大きさを求めよ。

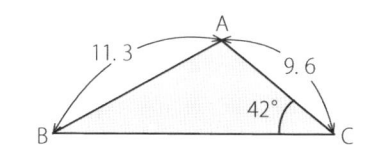

解 正弦定理より

$$\frac{\text{AB}}{\sin\angle C} = \frac{\text{AC}}{\sin\angle B} \text{ より,} \quad \sin\angle B = \frac{\text{AC}}{\text{AB}}\sin\angle C = \frac{9.6}{11.3}\sin 42°$$

よって

$$\angle B = \sin^{-1}\left(\frac{9.6}{11.3}\sin 42°\right) = \sin^{-1}(0.568\cdots) = 34.6°$$

3.6 三角比に関するその他の公式

三角関数を組み合わせた計算を行う場合，これらの加減，合成に関する公式をよく使用するので復習しておこう。

---
① 加法定理

$$\sin(\alpha \pm \beta) = \sin\alpha \cos\beta \pm \cos\alpha \sin\beta$$
$$\cos(\alpha \pm \beta) = \cos\alpha \cos\beta \mp \sin\alpha \sin\beta$$

これらは三角関数の展開・変換を行う上で非常に重要な公式となるので，必ず覚えておいてほしい。

加法定理を変形し，以下のように倍角公式が求められる。

---
② 三角関数の倍角公式

$$\sin 2\theta = 2\sin\theta \cos\theta$$
$$\cos 2\theta = \cos^2\theta - \sin^2\theta = 1 - 2\sin^2\theta = 2\cos^2\theta - 1$$

加法定理の公式をもとに以下のような関係を持つことがわかっている（ここでは証明は省略する）。

---
③ 三角関数の合成に関する公式

$$a\sin\theta + b\cos\theta = \sqrt{a^2+b^2}\sin(\theta+\alpha) = \sqrt{a^2+b^2}\cos(\theta-\beta)$$

$$\alpha = \tan^{-1}\frac{b}{a} \qquad \beta = \tan^{-1}\frac{a}{b}$$
---

*

問題 3-1 直角三角形の直角でない角の1つを α とする。次の問いに答えよ。

① $\sin\alpha = 0.8$ のとき，$\cos\alpha$，$\tan\alpha$ を求めよ。

② $\cos\alpha = 0.43$ のとき，$\sin\alpha$, $\tan\alpha$ を求めよ。

③ $\tan\alpha = 3.8$ のとき，$\sin\alpha$, $\cos\alpha$ を求めよ。

④ $\cos\alpha = 0.724$ のとき，$\cos(90° - \alpha)$ を求めよ。

問題 3-2　右図の角度 θ を度とラジアンで求めよ。

① $a = 12.4$, $c = 9.6$ の場合

② $a = 8.7$, $b = 6.2$ の場合

③ $b = 5.9$, $c = 13.4$ の場合

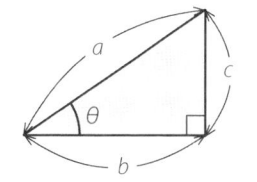

問題 3-3　x-y 座標平面上の点 C において，原点 O とその点を結んだ OC が x 軸の正の方向となす角を α とする。点 C が座標 $(14.2, 3.4)$ で与えられる場合に $\sin\alpha$, $\cos\alpha$, $\tan\alpha$ の値をそれぞれ求めよ。

問題 3-4　ある点 A の座標は $(a, 13.784)$ で表される。原点 O と点 A を結んだ線分が x 軸との正の方向となす角を θ とするとき，$\sin\theta = 0.284$ となった。a の値を求めよ。ただし，a の値は正である。

問題 3-5　次の θ の値を求めよ。ただし，θ は 0° 以上 90° 未満の角である。

① $\sin\theta = 0.8988$, $\cos\theta = 0.4384$　　② $\sin\theta = 0.309$, $\tan\theta = 0.3249$

③ $\sin\theta = 0.9903$, $\cos\theta = 0.1392$　　④ $\cos\theta = 0.6018$, $\tan\theta = 1.327$

⑤ $\sin\theta = 0.6018$

問題 3-6　三角形 ABC において，辺 AB = 6.3 cm，辺 BC = 8.2 cm，辺 CA = 7.4 cm のとき，∠C と∠B を求めよ。

ヒント：第二余弦定理を利用して $\cos\angle C$, $\cos\angle B$ を求める。

CHAPTER 4

三角比を使用した問題

　CHAPTER 3 で理数問題の基礎となる三角比，三角関数について解説したが，ここでは航海，機関分野にて必要となる局面を想定した問題を解説しよう。

例題 4-1　長さ 5 m のはしごを壁に立てかけた。はしごと地面の作る角が 58°だった。はしごの上端（壁に接している部分）は地上何 m にあるか。また，はしごの下端（地面に接している部分）は壁から何 m 離れているか。

解　はしごと壁の関係を図示すると図 4.1 のようになる。ここで，はしごの上端の高さを y，下端と壁の距離を x と置く。そうすれば，はしご，地面，壁の関係は直角三角形となるので，以下の式が成り立つ。

$$\sin 58° = \frac{y}{5}$$

$$\cos 58° = \frac{x}{5}$$

これらを変形すると

$$y = 5 \times \sin 58° ≒ 4.24$$

$$x = 5 \times \cos 58° ≒ 2.65$$

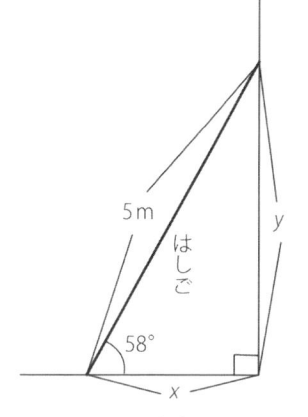

図 4.1　はしごと角度，長さの関係

以上から，はしごの上端は地上 4.24 [m] にあり，下端は壁から 2.65 [m] 離れている。

例題 4-2　ある塔の第 1 展望台から地上の池を見ると水平から 20° 下の方向に見えた。30 m 上にある第 2 展望台から同じ池を見ると 32° 下方に見えた。

この塔から池までの距離を求めよ。ただし、目線の高さは無視して考えよ。

解 問題を図に表すと図 4.2 のようになる。

2 つの三角形（△ABC と△DBC）ができ，それぞれの三角形について距離と角度から方程式を立てればよい。変数が 2 つであるから，独立な方程式を 2 つ立てれば，変数を求めることができる。

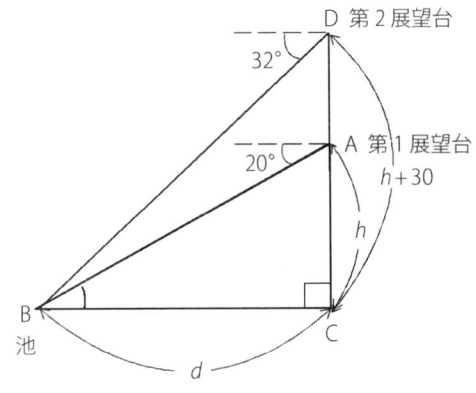

図 4.2 2 つの展望台と池の幾何学的関係

一般には

- わからない量を変数にして方程式を立てる
- 同じ量を，違う方法で導けば，方程式を立てることができる
- なるべく計算は最後にしよう

という方針で解くように心がければよい。

池と塔の距離を d [m]，第 1 展望台の高さを h [m]とする。△ABC において∠ABC = 20°（平行線の錯角），△DBC において∠DBC = 32° となる。△ABC で∠ABC の tan を考えると

$$\tan 20° = \frac{h}{d} \tag{4.1}$$

同様に△DBC において∠DBC の tan を考えると

$$\tan 32° = \frac{h+30}{d} \tag{4.2}$$

となり，連立方程式ができる。これを d について解く。式 (4.1) より $(\tan 20°)d = h$，式 (4.2) より $(\tan 32°)d = h + 30$ となり，この 2 式より h を消去すればよい。

$$(\tan 32° - \tan 20°)d = 30$$

$$d = \frac{30}{\tan 32° - \tan 20°} = 114.98\cdots$$

となり，池までの距離は約 115 m となる．

例題 4-3 船が港から真っ直ぐに沖に進んでいる．A 地点で船からある灯台を見ると，港から角度 40° の方向に見えた．5 海里進んだ B 地点でもう一度観測すると，今度は 16° の方向に見えた．B 地点は港から何海里離れているか．ただし，港と灯台を結ぶ線と船の進行方向は 90° として答えよ．

解 まず船と灯台の幾何学的な関係を平面図示すると図 4.3 のようになる．

港から B 地点までの距離を x 海里（未知数）とする．ここでは以下の 2 つの三角形を考える．

- 港，灯台，船（A 地点）からなる直角三角形
- 港，灯台，船（B 地点）からなる直角三角形

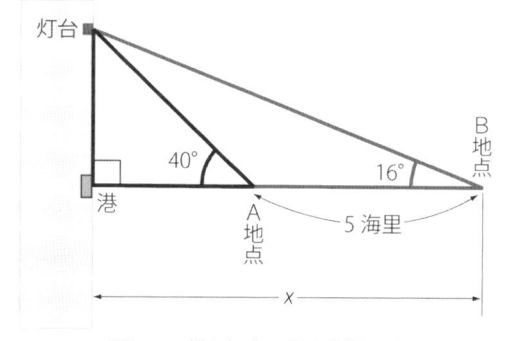

図 4.3　船と灯台の幾何学的関係

ここで港から灯台までの距離に対応する辺は 2 つの三角形において共通であるから，この長さを y とすれば以下の関係式が成り立つ．

$$y = x\tan 16° = (x-5)\tan 40°$$

まず未知数 x に対する方程式を以下のように立てて解くことを考える．

$$x\tan 16° = (x-5)\tan 40°$$

x に関する項を左辺に移項し

$$x = \frac{5\tan 40°}{\tan 40° - \tan 16°} = 7.595\cdots \fallingdotseq 7.6$$

となる．よって，港から B 地点までの距離 7.6 海里と求められる．参考までに港から A 地点までの距離は 7.6 - 5.0 = 2.6 海里，港から灯台までの距離は

$$y = 7.6\tan 16° = 2.17\,[海里]$$

例題 4-4 真っ直ぐの海岸線と平行に船が航行している。海岸線には建物と灯台が見える。建物が船の進行方向から 56° の方向に見えた。また，灯台が後方 15° の方向に見えた。建物と灯台の距離が 4.32 km として，海岸線から船までの距離を求めよ。

解 この問題も，まず船，海岸線，建物の幾何学的な関係を図示すると図 4.4 のようになる。説明のために，建物の位置を点 A，灯台の位置を点 B，船の位置を点 C，船から海岸線に下ろした垂線の足を点 D とする。

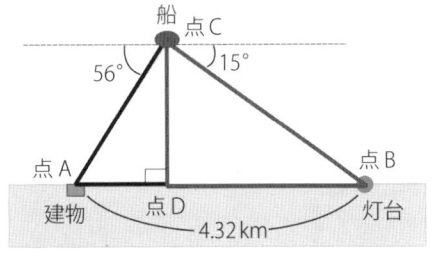

図 4.4 船と建物と灯台の幾何学的関係

図から，建物と灯台の距離 AB は建物と点 D までの距離 AD と点 D と灯台までの距離 DB にそれぞれ分けて考え，両者の和を最終的に求めればよい。

$$AD = DC\tan\angle ACD$$
$$DB = DC\tan\angle DCB$$

となるので，距離 AB は

$$AB = AD + DB = DC\tan\angle ACD + DC\tan\angle DCB$$

これを DC について求めると以下のようになる。

$$DC = \frac{AB}{\tan\angle ACD + \tan\angle DCB}$$

ここで AB = 4.32 km，$\angle ACD = 90° - 56°$，$\angle DCB = 90° - 15°$ であるから，これらを代入して距離 DC を計算すると

$$DC = \frac{AB}{\tan\angle ACD + \tan\angle DCB} = \frac{4.32}{\tan(90-56)° + \tan(90-15)°} = 0.98$$

よって，海岸線から船までの距離は 0.98 km となる。

例題 4-5　2隻の船がいる。船 A は 6.7 ノットで北に向かっている。船 B は，ある方向に 10.5 ノットで進んでいる。ある時刻に船 B から船 A は真西に見えた。それから，1 時間後に両船は衝突した。

① 船 B は，北から西に何度の方向に進んでいたか答えよ。

② 船 B から船 A が真西に見えたときの両船の距離を海里で答えよ。

解　① 求める角度を θ として，船 A と船 B の関係を図示すると図 4.5 のようになる。

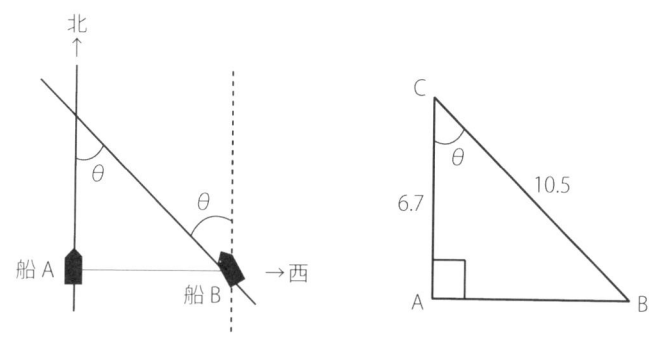

図 4.5　船 A と船 B の幾何学的関係

左側の図は全体の様子を示したものであるが，これをもとに右側の三角形で考えればよい。辺 AC と辺 BC の長さの比は，船 A と船 B の速さの比と等しい。船 A および船 B の速度をそれぞれ V_A, V_B とすれば

$$\frac{V_A}{V_B} = \frac{AC}{BC} = \cos\theta$$

これより $\cos\theta = \dfrac{6.7}{10.5}$

したがって $\theta = \cos^{-1}\left(\dfrac{6.7}{10.5}\right) = 50.35°$ となる。

② 船 B から船 A が真西に見えた 1 時間後に衝突したのであるから，△ABC において，AC = 6.7 海里であることがわかる。よって

$$AB = AC \tan\theta = 6.7 \times \sqrt{\frac{1}{\cos^2\theta} - 1} = 8.08$$

これより，両船の距離は 8.08 海里となる。

＊

問題 4-1 下図に示す力の合力を求めよ。ただし，力の作用する間の角度は 45° である。

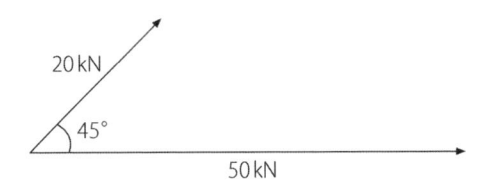

20 kN　45°　50 kN

問題 4-2 B 丸は A 灯台から方位 230°，距離 18 海里の地点から，視針路 072°，対水速力 12 ノットで航行している。B 丸が A 灯台に正横となるときの距離（A 灯台からの正横距離）および正横になるまでに要する時間を作図の上，計算して求めよ。ただし，この付近には流向 120°，流速 2 ノットの海流が流れているとする。

問題 4-3 D 灯台より方位 153°，距離 18 海里の地点 O を起程点とし，船が針路 035°，速力 13 ノットで 2 時間ほど航行した。この時点で D 灯台より 065°，22 海里の地点に到達した。この海域における海流の流向と流速を求めよ。

CHAPTER 5

座標系と座標変換

5.1 三角関数の定義と座標表示

前章まで三角形を対象に，三角比を考えてきた。この場合，直角三角形の斜辺，高さ，底辺の比として定義し，それを一般の三角形まで拡張した。しかし，0〜180°以外の角度については定義されていない。

点 P が図 5.1 のように表されるとき，点 P が第 1 象限にある場合のみを考えていることになる。そこで，sin, cos, tan をすべての角度に対して次のように定義し，それを**三角関数**と呼ぶ。

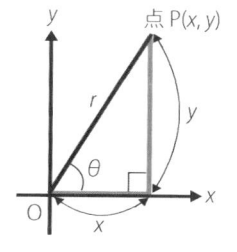

$$\sin\theta = \frac{y}{r} = \frac{\text{高さ}}{\text{斜辺}}$$

$$\cos\theta = \frac{x}{r} = \frac{\text{底辺}}{\text{斜辺}}$$

$$\tan\theta = \frac{y}{x} = \frac{\text{高さ}}{\text{底辺}}$$

図 5.1　座標，角度，動径（斜辺）の関係

座標平面上の点 P を考えると（図 5.2），三角関数は次のように表される。

$$\sin\theta = \frac{y}{r} = \frac{y}{\sqrt{x^2+y^2}}$$

$$\cos\theta = \frac{x}{r} = \frac{x}{\sqrt{x^2+y^2}}$$

$$\tan\theta = \frac{y}{x}$$

図 5.2

点 P の場所によって三角関数の値がどのような値をとるか見てみよう。

① 点 P が x 軸上の正の位置にある場合　$\theta = 0°$ $(\theta = 0)$

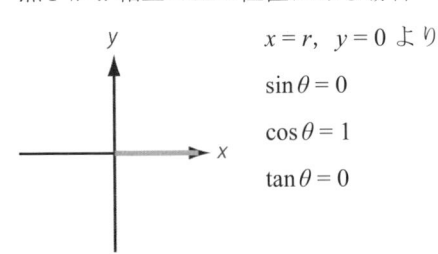

$x = r,\ y = 0$ より

$\sin\theta = 0$

$\cos\theta = 1$

$\tan\theta = 0$

② 点 P が**第1象限**にある場合　$0° < \theta < 90°$ $\left(0 < \theta < \dfrac{1}{2}\pi\right)$

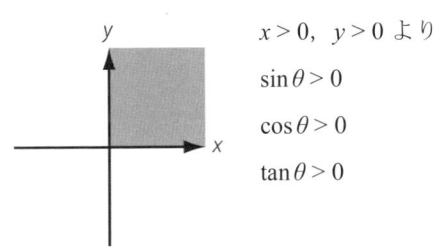

$x > 0,\ y > 0$ より

$\sin\theta > 0$

$\cos\theta > 0$

$\tan\theta > 0$

③ 点 P が y 軸上の正の位置にある場合　$\theta = 90°$ $\left(\theta = \dfrac{1}{2}\pi\right)$

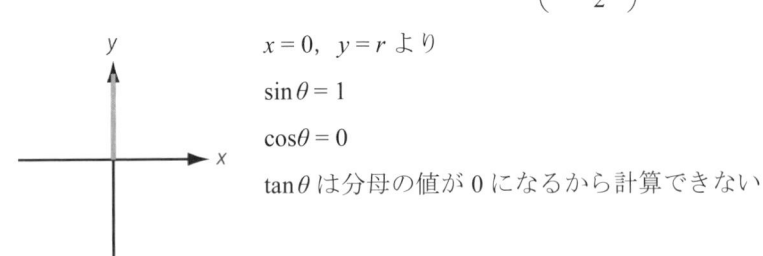

$x = 0,\ y = r$ より

$\sin\theta = 1$

$\cos\theta = 0$

$\tan\theta$ は分母の値が 0 になるから計算できない

④ 点 P が**第2象限**にある場合　$90° < \theta < 180°$ $\left(\dfrac{1}{2}\pi < \theta < \pi\right)$

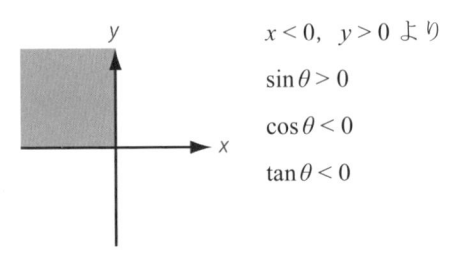

$x < 0,\ y > 0$ より

$\sin\theta > 0$

$\cos\theta < 0$

$\tan\theta < 0$

⑤ 点 P が x 軸上の負の位置にある場合　$\theta = 180°$ $(\theta = \pi)$

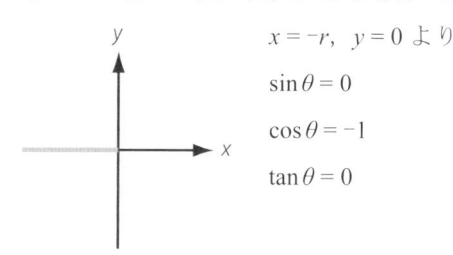

$x = -r, \ y = 0$ より

$\sin\theta = 0$

$\cos\theta = -1$

$\tan\theta = 0$

⑥ 点 P が第 3 象限にある場合　$180° < \theta < 270°$ $\left(\pi < \theta < \dfrac{3}{2}\pi\right)$

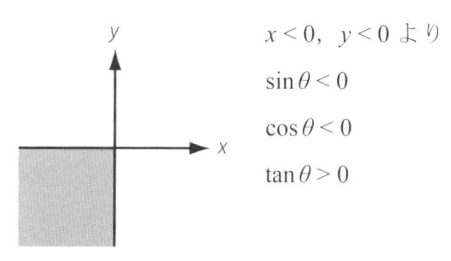

$x < 0, \ y < 0$ より

$\sin\theta < 0$

$\cos\theta < 0$

$\tan\theta > 0$

⑦ 点 P が y 軸上の負の位置にある場合　$\theta = 270°$ $\left(\theta = \dfrac{3}{2}\pi\right)$

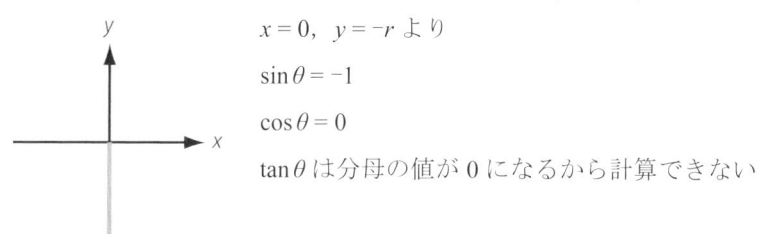

$x = 0, \ y = -r$ より

$\sin\theta = -1$

$\cos\theta = 0$

$\tan\theta$ は分母の値が 0 になるから計算できない

⑧ 点 P が第 4 象限にある場合　$270° < \theta < 360°$ $\left(\dfrac{3}{2}\pi < \theta < 2\pi\right)$

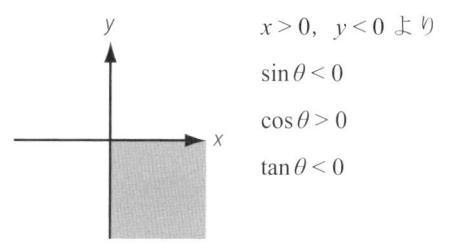

$x > 0, \ y < 0$ より

$\sin\theta < 0$

$\cos\theta > 0$

$\tan\theta < 0$

角度の変化と三角関数の値の変化を考えるために，図 5.3 に示す原点 O を中心とする円上の点 P に注目してみる。

点 P が円周上を左回りに動くとき，角度 θ は増加していく。そのときの三角関数の増減を考えてみる。まず，sin と cos について考えてみる。分母は半径で，つねに同じ大きさであるから，sin と cos の変化は分子の y と x の変化と同じである。したがって表 5.1 のようになる。

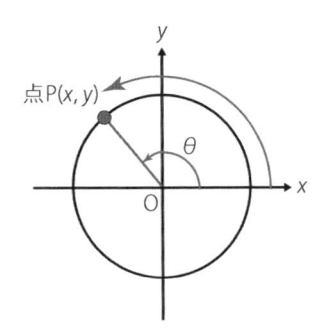

図 5.3 円周上の点 P の座標変化

表 5.1 座標値と三角関数の象限ごとの増減傾向

	第 1 象限	第 2 象限	第 3 象限	第 4 象限
x の変化	減少	減少	増加	増加
y の変化	増加	減少	減少	増加
$\sin\theta$ の変化 （y の変化と同じ）	増加	減少	減少	増加
$\cos\theta$ の変化 （x の変化と同じ）	減少	減少	増加	増加

1 周すると元の座標に戻るから，sin, cos の値も元に戻る。このように，sin と cos は 360° を周期とする周期関数である。また，各象限の境界である 0°, 90°, 180°, 270° での値は表 5.2 のようになる。

表 5.2 0°, 90°, 180°, 270° での座標値，三角関数の値

	0°	90°	180°	270°
x の値	r	0	$-r$	0
y の値	0	r	0	$-r$
$\sin\theta = \dfrac{y}{r}$	0	1	0	-1
$\cos\theta = \dfrac{x}{r}$	1	0	-1	0

tan についても同様に考えることができる。また 0〜360° についてのグラフは図 5.4 のようになる。

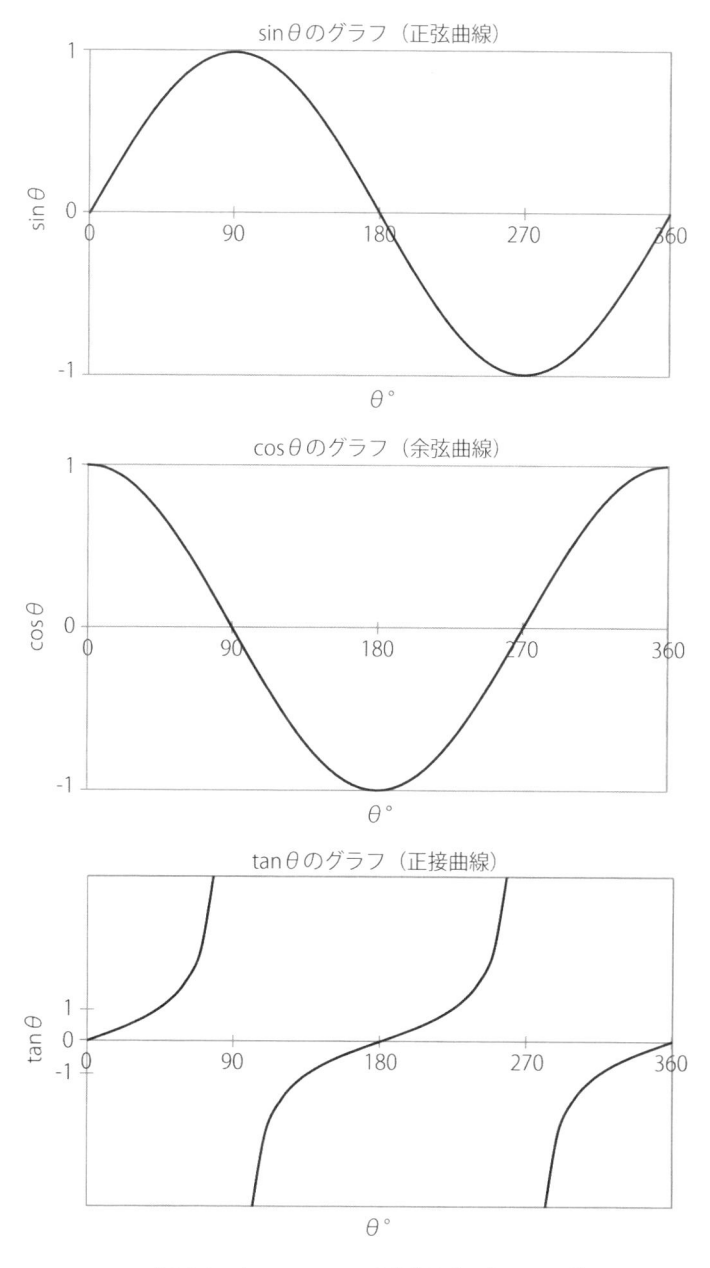

図 5.4　sin, cos, tan の角度変化（0 〜 360°）

例題 5-1 点 A の座標は $(-5.6, -6.9)$ である。原点 O と点 A を結んだ線分が x 軸の正の方向となす角を θ とするとき，$\sin\theta$，$\cos\theta$，$\tan\theta$ を求めよ。

解 定義に従って

$$\sin\theta = \frac{y}{\sqrt{x^2+y^2}} = \frac{-6.9}{\sqrt{(-5.6)^2+(-6.9)^2}}$$
$$= -0.7764\cdots = -0.776$$

$$\cos\theta = \frac{x}{\sqrt{x^2+y^2}} = \frac{-5.6}{\sqrt{(-5.6)^2+(-6.9)^2}}$$
$$= -0.6301\cdots = -0.63$$

$$\tan\theta = \frac{y}{x} = \frac{-6.9}{-5.6} = 1.232\cdots = 1.23$$

点 A $(-5.6, -6.9)$

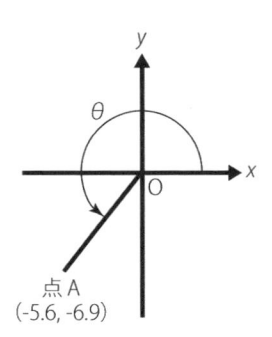

例題 5-2 ある点 A の座標は $(-3.2, a)$ で表される。原点 O と点 A を結んだ線分が x 軸の正の方向となす角を θ とするとき，$\cos\theta = -0.762$ となった。a の値を求めよ。ただし，$\tan\theta$ の値は正である。

解 $\tan\theta$ の定義 $\tan\theta = \frac{y}{x}$ より，$y = x\cdot\tan\theta$ となる。

$\tan\theta$ の値は $\tan^2\theta + 1 = \frac{1}{\cos^2\theta}$ より求めることができ，$\tan\theta = 0.85$ となる。

よって，$a = -3.2\tan\theta = -2.72$ となる。

5.2 三角関数における角度の求め方

三角比から角度を求めるのは，関数電卓を使えばそれほど難しいものではなかった。しかし，三角関数の場合には 0〜90° 以外の角度も考えなくてはいけないので注意が必要である。たとえば，$\sin\theta = 0.5$ となる角度は何度だろうか。これを電卓で計算すると 30° となる。しかし，0〜360° の間に 0.5 となる角度は 30° と 150° の 2 つある。試しに，$\sin\theta = -0.5$ となる θ を電卓で計算すると -30° となる。$\sin^{-1}$，$\cos^{-1}$，$\tan^{-1}$ の計算では，求まる角度は図 5.5 のようになる。

CHAPTER 5　座標系と座標変換

sin⁻¹
-90～90°

cos⁻¹
0～180°

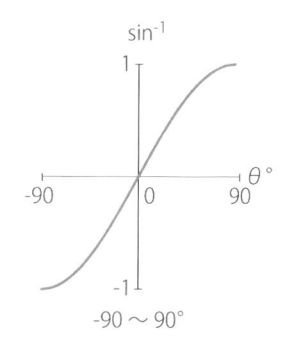

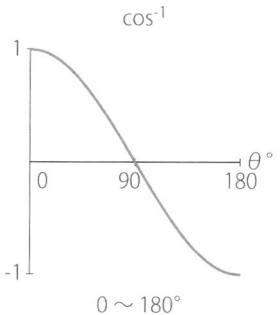

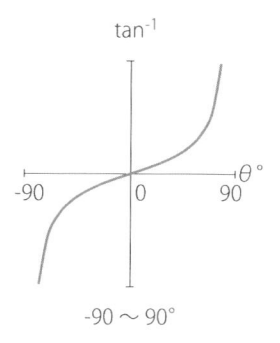

tan⁻¹
-90～90°

図 5.5　sin, cos, tan の値変化

また，各三角関数での角度を実際に電卓で計算した場合には，表 5.3 において網掛けで示した箇所だけが正しく求まっていることが確認できる。

実際の角度を求めるには

① $\sin\theta$, $\cos\theta$, $\tan\theta$ の符号から θ が第何象限かを調べる。

表 5.3　電卓の三角関数の角度の計算例

θ	-52°	63°	118°	221°	326°
$\sin\theta$	-0.79	0.89	0.88	-0.66	-0.56
$\sin^{-1}$	-52	63	62	-41	-34
$\cos\theta$	0.62	0.45	-0.47	-0.75	0.83
$\cos^{-1}$	52	63	118	139	34
$\tan\theta$	-1.28	1.96	-1.88	0.87	-0.67
$\tan^{-1}$	-52	63	-62	41	-34

② 電卓で求まった角度と対応する象限の角度の関係を考え，角度を求める。

◆ $\sin\theta$

- 第 1 象限

  $\sin^{-1}$ の値そのまま。

- 第 2 象限

  電卓で求まる角度を α とする。第 2 象限の sin の値は正であるから，求まる α は sin の

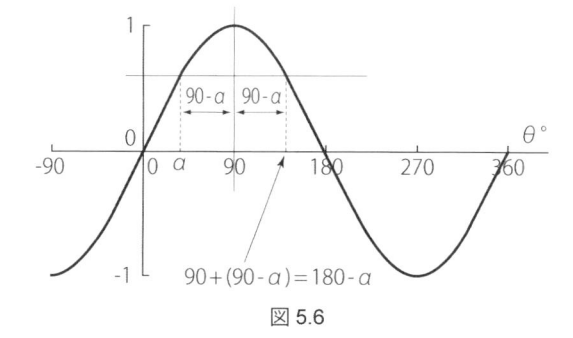

図 5.6　$90+(90-\alpha)=180-\alpha$

値が等しい第 1 象限の角である。sin のグラフは図 5.6 に示すように 90° で線対称であるから，θ は 180° - α として求めることができる。

91

- 第3象限

    第2象限と同じく，図 5.7 のようになる。

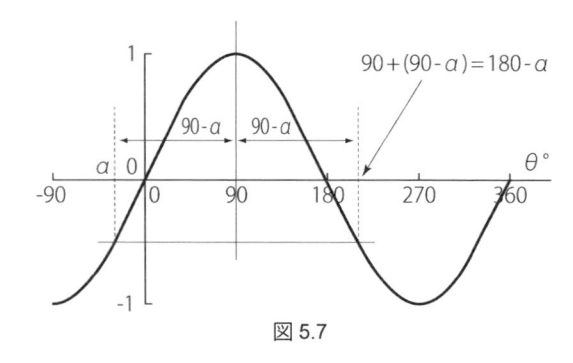

    図 5.7

- 第4象限

    負の値で求まった場合には，図 5.8 に示すとおり，それ自体が第4象限の角であり，単に 360° 値がずれているだけである。

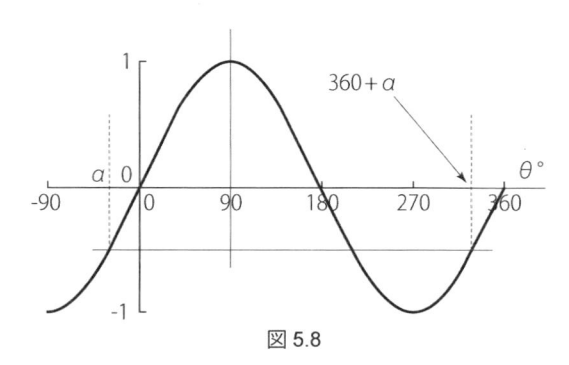

    図 5.8

例題 5-3 θ は第3象限の角である。$\sin\theta = -0.324$ のとき，θ の値を求めよ。

解 電卓で計算した θ の値は $-18.9°$ である。したがって，$180 - (-18.9) = 198.9°$ となる。

◆ $\cos\theta$

- 第1象限，第2象限

    電卓で求められた $\cos^{-1}$ の値そのままになる。

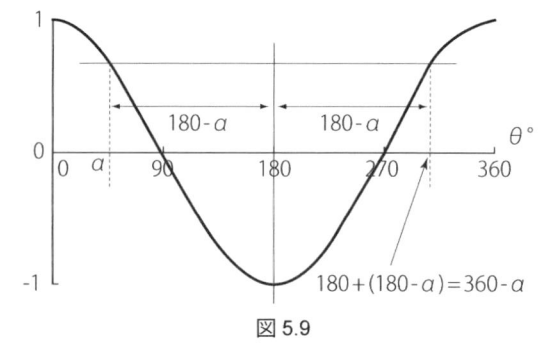

- 第3象限，第4象限

    図 5.9 に示すとおり，$\theta = 360° - \alpha$ の関係となる。

    図 5.9

例題 5-4 θ は第 4 象限の角である。$\cos\theta = -0.744$ のとき，θ の値を求めよ。

解 電卓で計算した θ の値は 138° である。したがって，360 − 138 = 222° となる。

例題 5-5 $\cos\theta = -0.242$，$\sin\theta = -0.97$ のとき，θ を求めよ。

解 $\cos\theta$，$\sin\theta$ がともに負の領域は，第 3 象限である。したがって，360° − $\cos^{-1}(-0.242)$ = 360° − 104° = 256° となる。

5.3 極座標（船舶における座標系）

本節では「**極座標**」という新しい座標系によって，平面上の点の位置を表す方法について考えてみる。極座標では任意の点 M は r と θ の 2 つの実数の組で表され，M(r, θ) と表記される。図 5.10 に示すとおり，r は原点 O（極）から点 M までの距離であり，θ は直線 OM の x 軸と交わる角度を表している。

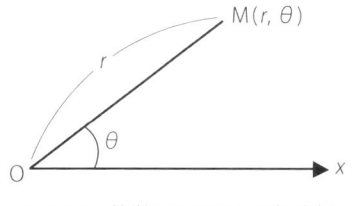

図 5.10　数学で用いられる極座標

これらをプロットする（書き込む）ためのグラフは図 5.11 になる。「**極座標グラフ**」は「極 O」を中心とする同心円を距離 r の目盛りとして，また，x 軸や y 軸とその間 45° に極 O から放射状に引いた直線を角度 θ の目盛りとして利用する。極 O を始点とし，任意の点 M を終点とする半直線をイメージしながら点 M をプロットする方法である。

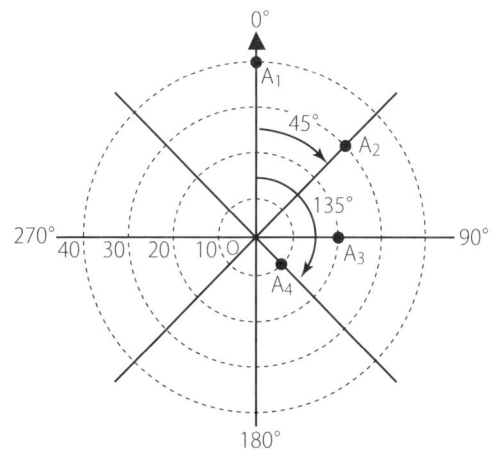

図 5.11　レーダーで用いられる極座標（同心円と放射状の直線を距離 r と角度 θ の目盛りとして利用する）

角度の基準となる $\theta = 0°$ の方向（x 軸や y 軸など）や，「右回りを正」とするか「左回りを正」とするかなどにより，実際の極座標が決定されるが，ここでは一般的な**レーダー**と同様に，y 軸を $0°$ とし，時計回りの方向を正，$\theta = 0〜360°$ とする。例として，図 5.11 の点 $A_1 〜 A_4$ の極座標の距離 r と角度 θ を表 5.4 に示す。

表 5.4　極座標で表した例

	r	θ
A_1	40	0°
A_2	30	45°
A_3	20	90°
A_4	10	135°

5.4　直交座標と極座標の関係

　平面上のある点は，x と y の値（**直交座標**）によって M(x, y) と表されると同時に，図 5.12 のように，極 O からの距離 r と角度 θ の値によって**レーダー極座標** M(r, θ) と表される。

　したがって，(x, y) と (r, θ) の間に次の関係式が成り立つ。

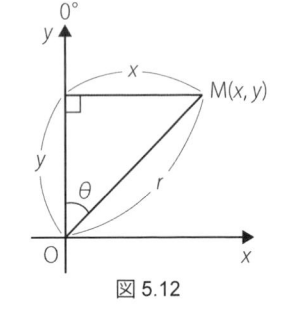

図 5.12

$$x = r\sin\theta, \quad y = r\cos\theta$$
$$r = \sqrt{x^2 + y^2}, \quad \theta = \tan^{-1}\frac{x}{y}$$

例題 5-6　次の x, y 座標表示の点を (r, θ) で表せ。ただし，θ はレーダーと同様に 0〜360° で表すこと。

① $(-15, 8)$　　② $(6, -8)$　　③ $(-5, -9)$

解　①　$r = \sqrt{x^2 + y^2} = \sqrt{(-15)^2 + 8^2} = \sqrt{289} = 17$

　　この点は**第2象限**の点であるから，レーダー極座標では 270〜360° となる。したがって

CHAPTER 5 座標系と座標変換

$$\theta = 360 + \tan^{-1}\frac{x}{y} = 360 + \tan^{-1}\left(\frac{-15}{8}\right) = 360 + \tan^{-1}(-1.85)$$
$$= 360 - 61.93 = 298.1$$

となる。よって(17, 298.1°)である。同様に

② 第4象限の点，$\theta = 180 + \tan^{-1}\frac{x}{y}$ となり，(10, 143.1°)

③ 第3象限の点，$\theta = 180 + \tan^{-1}\frac{x}{y}$ となり，(10.3, 209.1°)

*

問題 5-1 ① 点 A は静止している。点 B は時間とともに図のように移動している。各時刻に，点 A から見た点 B の方向（角度）と距離を求め，極座標のグラフ（章末に添付）に描け。ただし，方向は y 軸方向を 0°，時計回りを正とする。角度は分度器を使い，距離はものさしで測ること。

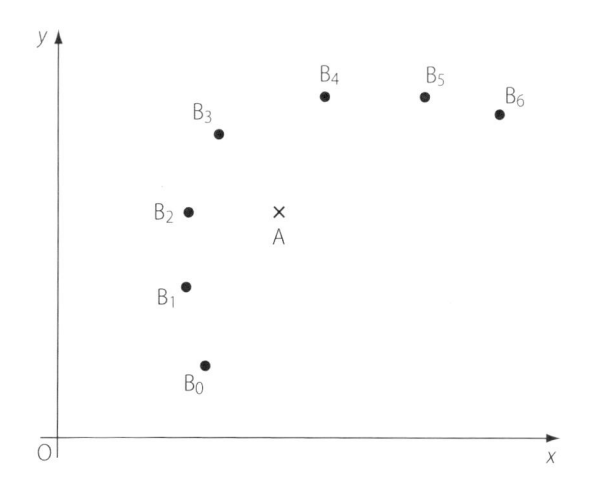

② 点 A，B は時間とともに次図のように移動している。各時刻に，点 A から見た点 B の方向と距離を求め，極座標のグラフに描け。

ヒント:「点 A から見た点 B の方向と距離」については CHAPTER 6 第 1
節の矢印(ベクトル)の説明を見よ。

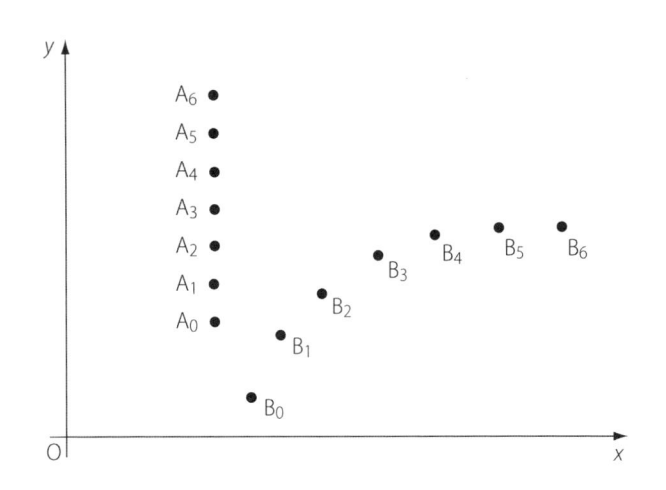

問題 5-2 次の問いに答えよ。

① 角度は y 軸方向を $0°$,時計回りを正とする。右図の x と r, θ の関係,y と r, θ の関係を求めよ。

② 下の表は点 A と点 B の同時刻における位置を示している。

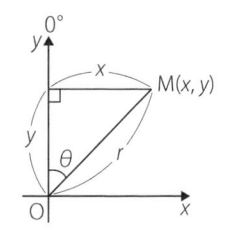

時刻	点A x_A 座標	点A y_A 座標	点B x_B 座標	点B y_B 座標	相対的な値 x 座標	相対的な値 y 座標	r, θ 表示 距離 r	r, θ 表示 方向 θ
1	5	8	40	3				
2	10	21	43	16				
3	18	32	43	29				
4	28	41	38	42				
5	46	46	28	53				
6	62	45	18	58				

ⓐ 各時刻について,点 A,点 B の位置を直交座標上に記入せよ。また,同時刻の点 A と点 B を結び,点 A から見た点 B の相対位置(相対座標)を表す矢印(ベクトル)を記入せよ。

ⓑ 座標の値から相対的な値（相対座標の x, y 成分の値（$x_B - x_A$, $y_B - y_A$））を求め，表に記入せよ．その値から，各相対座標の方向 θ と距離 r を求めよ．

ⓒ 極座標のグラフに相対的な位置関係の変化を描け．

問題 5-3 下のレーダー極座標のグラフは，点 A から見た点 B の相対位置を各時刻についてプロットした（表した）ものである．次頁の表を完成させた後，次の問いに答えよ．グラフ用紙は 1cm を 1 として，x, y 軸はグラフ用紙の真ん中にとること．

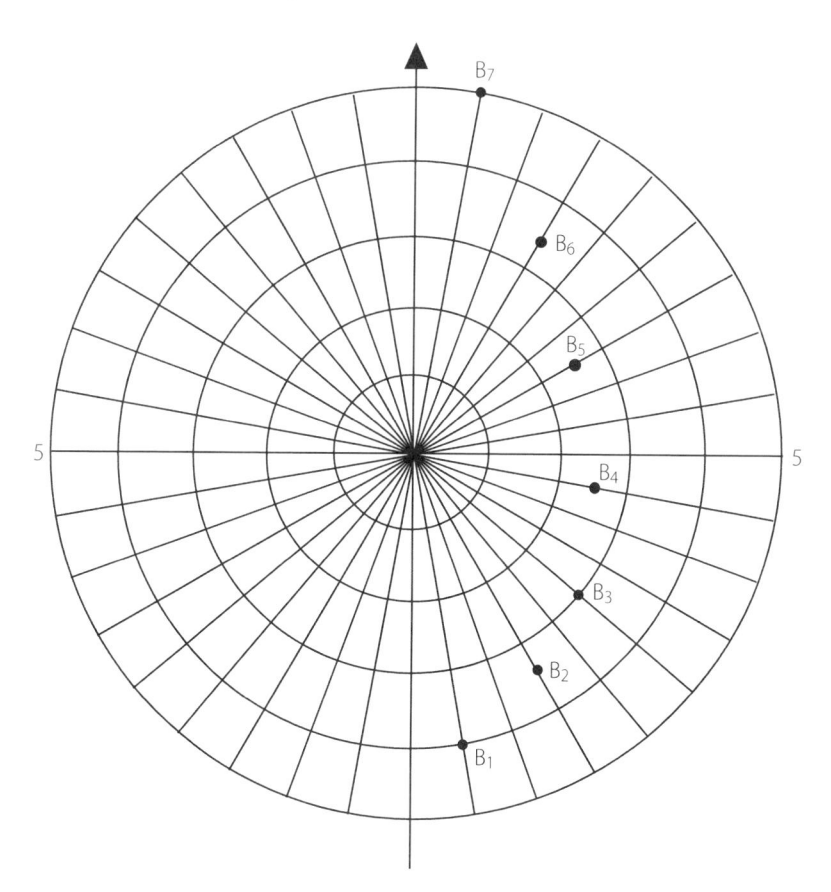

	r, θ 表示		相対的な値	
時刻	距離 r	角度 θ	x 座標	y 座標
1				
2				
3				
4				
5				
6				
7				

① 点 A が表のように移動した場合，実際には点 B はどのように移動したかをグラフに示せ。ただし，点 A を黒丸，点 B は赤丸で示し，滑らかな曲線で結んで表せ。

時刻	1	2	3	4	5	6	7
x_A 座標	0	0	0	0	0	0	0
y_A 座標	-6	-4	-2	0	2	4	6

② 点 A が以下のように移動した場合，実際には点 B はどのように移動したかをグラフに示せ。ただし，点 A を黒×，点 B は赤×で示し，滑らかな曲線で結んで表せ。

時刻	1	2	3	4	5	6	7
x_A 座標	-3.4	-3.1	-2.2	-1.1	0.6	2.2	3.6
y_A 座標	-2.2	-0.9	0.2	1	1.5	1.4	0.7

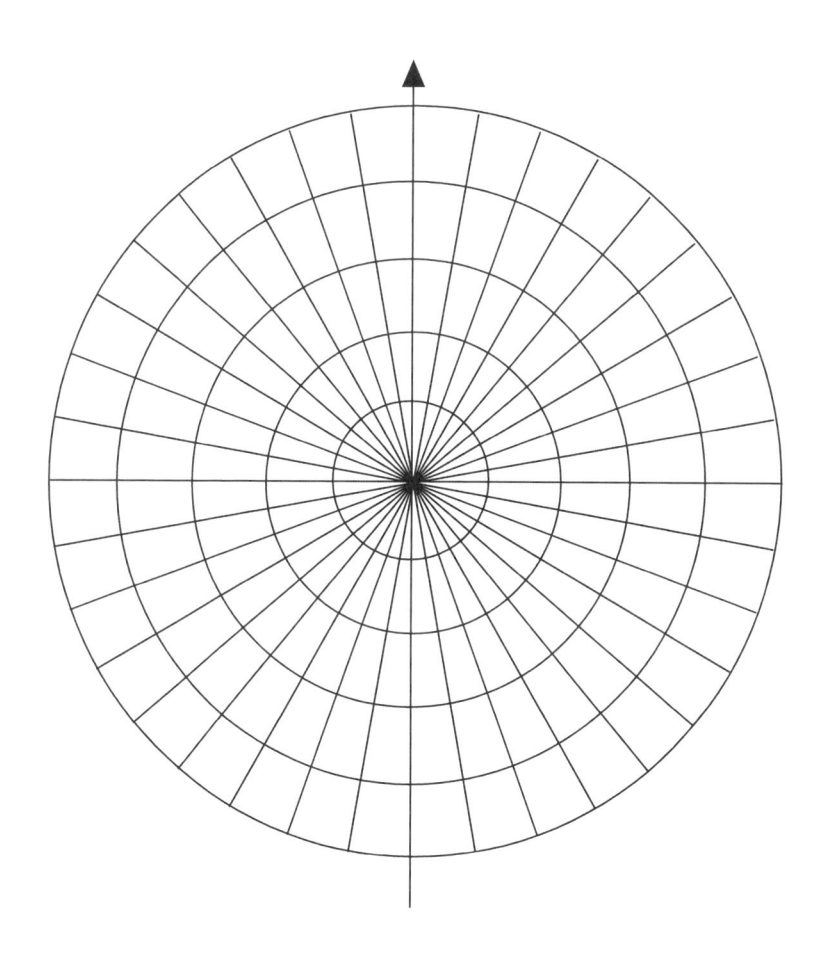

極座標のグラフ

CHAPTER 6

相対関係とベクトル

6.1 相対的な位置関係

　図 6.1 の点 A から点 B を見た場合には，東の方向に点 B がある。一方，点 B から点 A を見た場合には，西の方向に点 A が見える。これを図 6.2 のように点 A と点 B を結んだ矢印（**ベクトル**）で表せば，矢印の向きは方向を表すことがわかる。

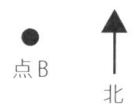

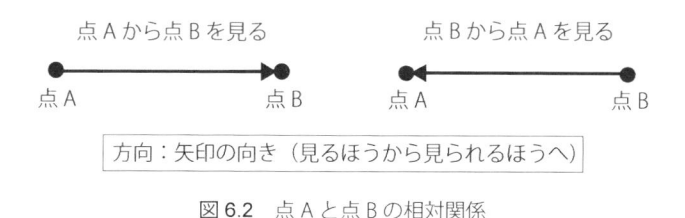

図 6.1　点 A，B の位置関係と方位

図 6.2　点 A と点 B の相対関係

方向：矢印の向き（見るほうから見られるほうへ）

　次に図 6.3 の点 A から点 B を見た場合と，点 C を見た場合には，どちらも東の方向に見えるが，その距離が違う。図 6.4 のように矢印で表せば，その向きは同じだが，長さが違うことがわかる。このように，矢印は長さで距離を表すことがわかる。

図 6.3　点 A，B，C の位置関係と方位

図 6.4　ベクトル AC と AB の距離および方向関係

距離：矢印の長さ

それぞれの位置を矢印で結ぶことによって，**相対的な位置関係**を表すことができる。たとえば図 6.5 のように，簡単のために点 A は止まっており，点 B だけが移動している場合を考えよう。

各時刻の点 A から点 B を見た相対的な位置は図 6.6 のように矢印で表すことができる。

各矢印の始点を座標原点に合わせて書けば，図 6.7 のように点 A から見た点 B の相対的な位置の変化を表すことができる。

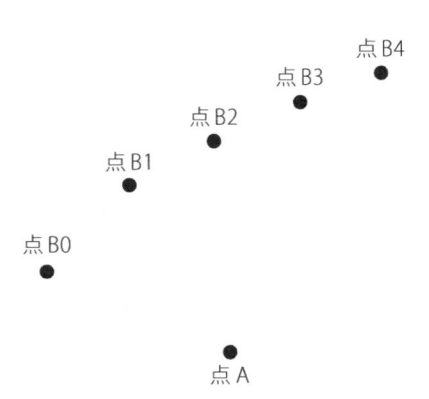

図 6.5　点 A と点 B の位置関係の変化

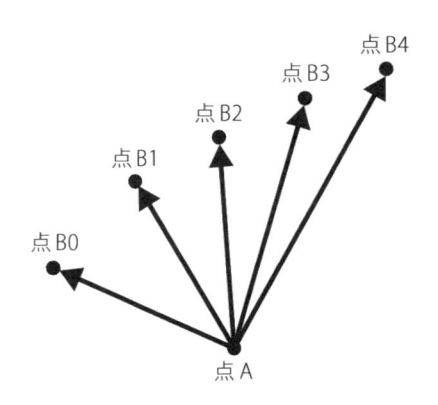

図 6.6　点 A から点 B へのベクトル 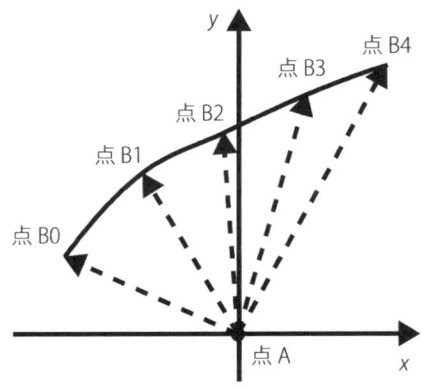　　図 6.7　点 A から見た点 B の相対的な位置変化

次に図 6.8 のように両者が動き位置関係が変化している場合を考えてみる。

それぞれの位置関係が複雑に変化している場合でも，それぞれの位置を矢印で結び，各矢印の始点を座標原点に合わせて書けば，相対的な位置関係の変化がわかる。この例では結局，相対的な位置関係は先ほどと同じになっている。

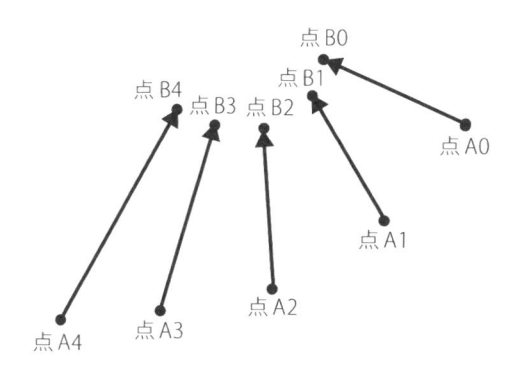

図6.8　点Aと点Bがともに移動する場合の点Aから点Bへのベクトル

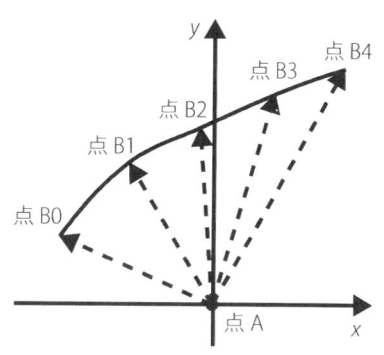

図6.9　点Aから見た点Bの相対的な位置変化

6.2　ベクトル表現

このように大きさと向きを持った量は，ベクトルで表すことができる．相対的な位置関係とベクトルを関係づけて考えてみよう．

図 6.10 のように，座標平面上に点 A と点 B を考える．点 A から見た点 B の相対的な位置関係は，上で確認したように**相対ベクトル AB** で表せる．ベクトル OA やベクトル OB のように，原点を始点とし，その点の位置を終点として表すベクトルのことを**位置ベクトル**という．相対的な位置関係を表すベクトル AB は，点 A，B によりそれぞれ定まる位置ベクトル OA，OB を使ってどのように表すことが可能であろうか．これは，ベクトルの減算として表すことができる．

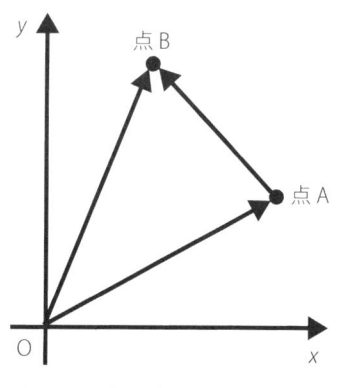

図6.10　点Aと点Bの相対関係

$$\text{相対ベクトル } \overrightarrow{AB} = \overrightarrow{OB} - \overrightarrow{OA} \qquad \because \overrightarrow{AB} = \overrightarrow{AO} + \overrightarrow{OB} = -\overrightarrow{OA} + \overrightarrow{OB}$$

このように，相対的な関係は，見られるほうから見るほうを引くベクトル演

算で表すことができる。ベクトルの演算の計算は各成分を計算すればよい。したがって，$\vec{OA} = (x_A, y_A)$，$\vec{OB} = (x_B, y_B)$ のとき

$$\vec{AB} = \vec{OB} - \vec{OA} = (x_B, y_B) - (x_A, y_A) = (x_B - x_A, y_B - y_A)$$

例題 6-1 ベクトル $\vec{A} = (5, 8)$，ベクトル $\vec{B} = (10, -3)$ であるとする。次の計算をせよ。

① $\vec{A} + 3\vec{B}$ ② $-\vec{A} - 2\vec{B}$

解 ① $\vec{A} + 3\vec{B} = (5, 8) + 3(10, -3) = (5, 8) + (30, -9) = (35, -1)$

② $-\vec{A} - 2\vec{B} = -(5, 8) - 2(10, -3) = (-5, -8) - (20, -6) = (-25, -2)$

6.3 相対速度

ここまでは相対的な位置関係を考えてきたが，位置以外にも，ベクトルで表されるものであれば同様に考えることができる。たとえば図 6.11 のように，速度をベクトルで表せば，**相対速度**も同様に考えることが可能である。A および B の速度と相対速度の関係を「**速力三角形**」と呼ぶ。

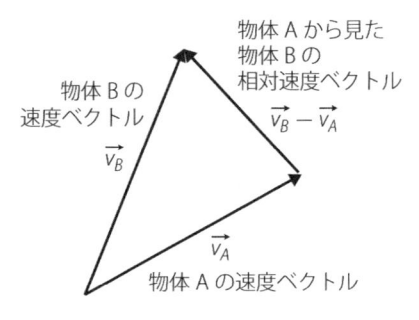

図 6.11 物体 A と B の速度ベクトルおよび相対速度ベクトルの関係（速力三角形）

例題 6-2 船舶 A が南西に 40 ノット，船舶 B が東南東に 20 ノットで進んでいる。船舶 B から船舶 A を見たとき，船舶 A はどの方向にいくらの速力で航行しているように見えるか。図示して考えよ。

解 問題を図示すると図 6.12 のように考えることができる。

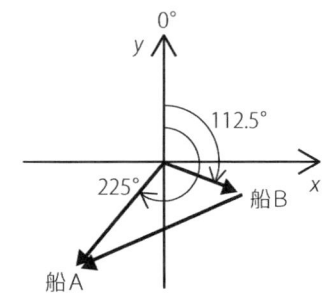

図 6.12 船舶 A と船舶 B の速度ベクトルおよび相対速度ベクトルの関係

CHAPTER 6 相対関係とベクトル

船 A の速度ベクトルは $(40\sin 225°, 40\cos 225°) = (-28.28, -28.28)$，船 B の速度ベクトルは $(20\sin 112.5°, 20\cos 112.5°) = (18.48, -7.65)$ となる。

したがって，相対速度ベクトルは

$$(-28.28, -28.28) - (18.48, -7.65) = (-46.76, -20.63)$$

レーダー極座標のように y 軸の正の方向となす角 θ を考えると，θ は第 3 象限の角であるから

$$\theta = 180 + \tan^{-1}\left(\frac{-46.76}{-20.63}\right) = 180 + 66.19 = 246.19°$$

相対速度ベクトルの方向 246.19° は北から西に 113.81° になる。また，相対速度ベクトルの長さは

$$\sqrt{(-46.76)^2 + (-20.63)^2} = 51.11$$

よって，北から西に 113.81° の方向に，51.11 ノットで動いているように見える。

例題 6-3　停泊中に東の方向から 10 m/s の風を観測した（**真風速**）。その後すぐに針路 30°，速力 15 ノット（7.71 m/s）で航行し始めた。この場合の**相対風向**および**相対風速**を求めよ。

※速度の単位を統一すること。ベクトル図を描いて考えよ。

解　船の速度ベクトル，風の速度ベクトルをそれぞれ $\overrightarrow{OA}$，$\overrightarrow{BO}$ とする。両者の関係を図にすると図 6.13 のようになる。

ベクトルの合成を後で考えるため，真風速のベクトルを船の位置を始点としたベクトル $\overrightarrow{OB'}$ を作図しておく。本章の最初に説明したとおり，相対ベクトル（**相対風速**）と真のベクトル（**真風速**）の関係は次のように表される。

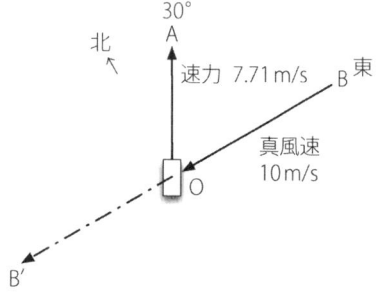

図 6.13　真風速と船の速力ベクトルの関係

105

相対風速＝真風速（見られるほう）－自船速度（見るほう）

これらの関係を図示すると図 6.14 のとおりとなる。

これをベクトル演算で表すと

$$\overrightarrow{AB} = \overrightarrow{OB'} - \overrightarrow{OA}$$

船の位置 O を原点として $\overrightarrow{OA}$ および $\overrightarrow{OB'}$ を x, y 成分で表し，$\overrightarrow{AB} = (W_x, W_y)$ とすれば以下のようになる。

(W_x, W_y)
$= (-10, 0) - (7.71\sin 30°, 7.71\cos 30°)$
$= (-10 - 3.86, 0 - 6.68)$
$= (-13.86, -6.68)$

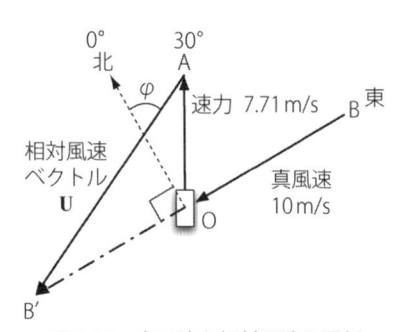

図 6.14　真風速と相対風速の関係

これより，相対風速 U および相対風向 φ は以下のように求められる。

$$U = \sqrt{W_x^2 + W_y^2} = \sqrt{(-13.86)^2 + (-6.68)^2} = 15.39$$

$$\varphi = \tan^{-1}\frac{-13.86}{-6.68} = 64.27$$

〔注〕風向は吹いてくる方角を示すため，180° は足さなくてよい。（φ の示す角に注意）

これより，相対風向は 64°（進行方向の右手 34°），相対風速は 15.4 m/s となる。

例題 6-4　船 A は針路 130°，速力 10 ノットで航行中，レーダー画面上にて船 B を表 6.1 のように観測した。

この場合，以下についてそれぞれ求めよ。

① 船 A から見た船 B の**相対針路**および**相対速力**

② 船 B の**真針路**および**真速力**

③ 船 A および船 B が針路・速力を変更しなかった場合，船 B の船 A に対する**最接近距離**（CPA, Closest Point of Approach）および**最接近時間**（TCPA）

表 6.1　船 A のレーダーにて船 B を観測した時刻，方位，距離

時刻	方位	距離
10:15	80.0°	12.0 海里
10:21	78.7°	10.5 海里
10:27	77.0°	9.0 海里

解 レーダー画面上に映る相手船の情報は，自船も速力を持って航行中の場合，典型的な相対運動を表している。この場合も船 A は針路 130°，速力 10 ノットにて航行中であり，レーダー画面上に映る情報は「針路 130°，速力 10 ノットで動く船 A（見るほう）からある針路および速力にて動く船 B（見られるほう）を観測した結果」である。図 6.15 にレーダー画面上に問題の表 6.1 に示す船 B の位置をプロットした図を示す。

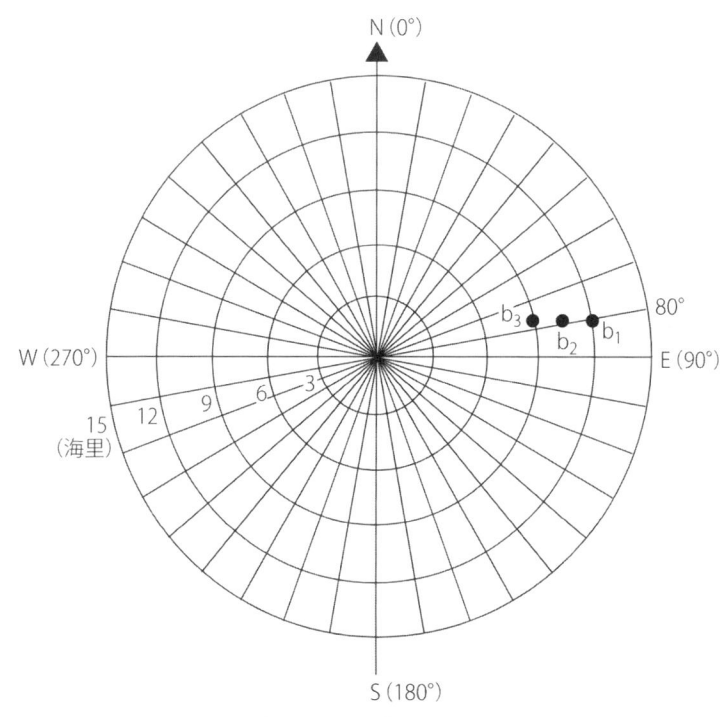

図6.15　レーダー画面上にプロットした船 B の位置変化

① 点 b_1, b_2, b_3 を結んだ線が船 B の相対運動ベクトルであり，点 b_1 と点 b_3 は 12 分間の移動距離であるから，1 時間あたりの速度ベクトルに変換するには $60 \div 12 = 5$ 倍してやればよい。図 6.16 に示すとおり，5 倍に拡大したベクトルを図の中心に平行移動すると，船 B の相対方位は 269°，相対速力は 15.3 ノットと作図によって求められる。

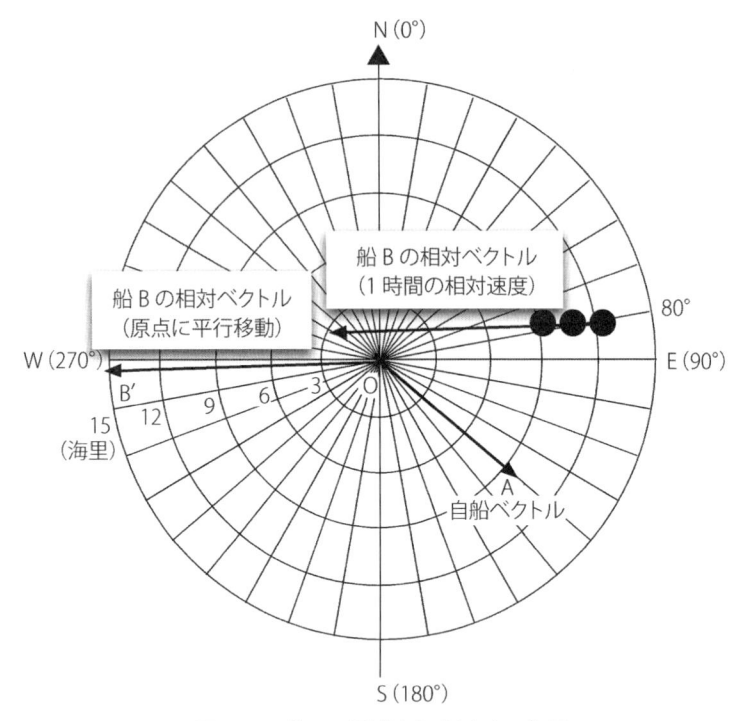

図6.16 船Bの相対速度ベクトルの作図

② 相対運動の定義より，船Bの真運動ベクトルは相対運動ベクトルと船Aの運動ベクトルから求められる。図 6.17 に示すとおり，船Aの運動ベクトルを $\overrightarrow{OA}$，船Bの相対運動ベクトルを $\overrightarrow{AB}$（ベクトルの始点を船Aの速度ベクトルの終点Aに平行移動している）とすれば，船Bに関する真の速度ベクトルは図6.17のように作図される。

船Bの真の運動ベクトル $\overrightarrow{OB}$（見られるほう）は $\overrightarrow{OA}$（見るほう）および $\overrightarrow{AB}$ と以下の関係があることがわかるであろう。

$$\overrightarrow{OB} - \overrightarrow{OA} = \overrightarrow{AB}$$

この式を変形すれば

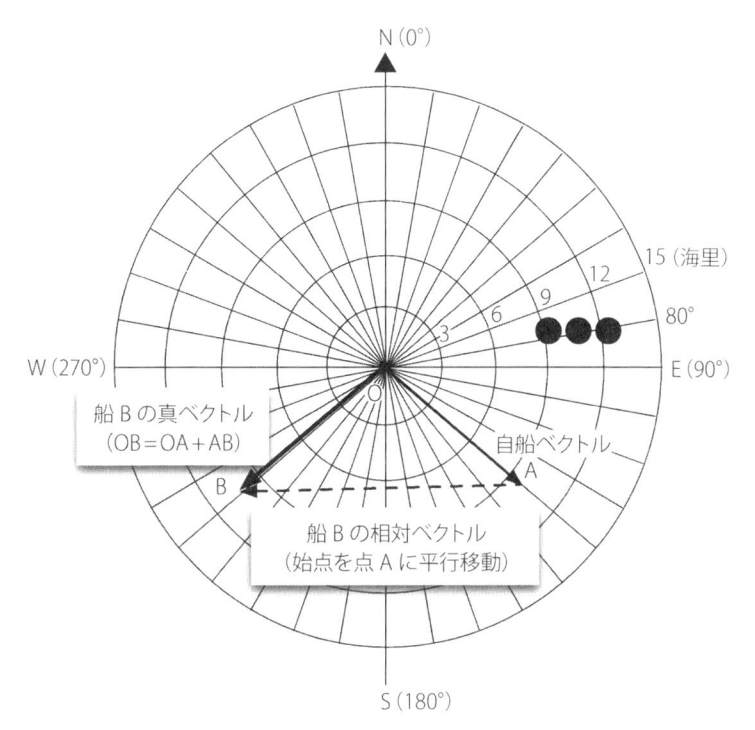

図 6.17 船 B に関する真の速度ベクトルの作図

$$\overrightarrow{OB} = \overrightarrow{OA} + \overrightarrow{AB}$$
$$= (10 \times \sin 130°, 10 \times \cos 130°) + (15.3 \times \sin 269°, 15.3 \times \cos 269°)$$
$$= (7.66, -6.43) + (-15.30, -0.27) = (-7.64, -6.70)$$

と求められる。よって，船 B の真速力 V_B および真方位 φ_B は，船の針路の場合は北を 0° として時計回りに角度を測る座標系であることに注意すれば，図 6.17 の関係より，以下のとおりに求められる。

$$V_B = \left|\overrightarrow{OB}\right| = \sqrt{(-7.64)^2 + (-6.70)^2} = 10.16\,[\text{knots}]$$

$$\varphi_B = \tan^{-1}\frac{-7.64}{-6.70} + 180° = 48.8° + 180° = 228.8°$$

③ 最接近距離とは船 B の相対運動ベクトルを図 6.18 のように船 A に向か

って延長し，座標中心である船 A から最も距離が近い点までの距離を示す。

すなわち，最接近距離は船 B の相対運動の軌跡上に船 A の位置（原点 O）から垂線を下ろした線分の長さ OC である。作図より，最接近距離 OC は約 1.9 海里となる。これらは船の航行中，レーダー画面に他船が現れた場合，**レーダープロッティング**と呼ばれる相手船との幾何学的な関係を見極め，危険度を定量化する方法である。各自，レーダープロッティング用紙に作図し，現れる相手船との相対運動をしっかりと理解してほしい。

最接近時間は 10:15 の 12 ÷ 15.3 × 60 分後，つまり 11:02 ごろになる。

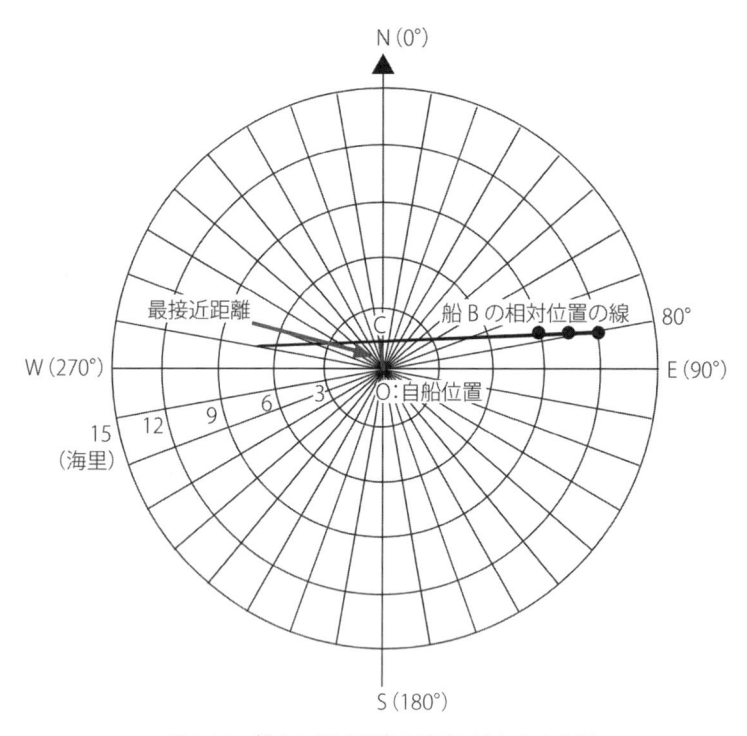

図 6.18　船 B に関する真の速度ベクトルの作図

＊

問題 6-1　図は点 A と点 B の 0〜6 の同時刻の位置を示している。点 A か

ら点 B を見たとき，点 B がどのように動いているように見えるか，各時刻についてレーダー極座標で方向と距離を求め，それを基にグラフ用紙上に図示せよ。

※分度器とものさしで測ること。距離の単位は cm を用いよ。

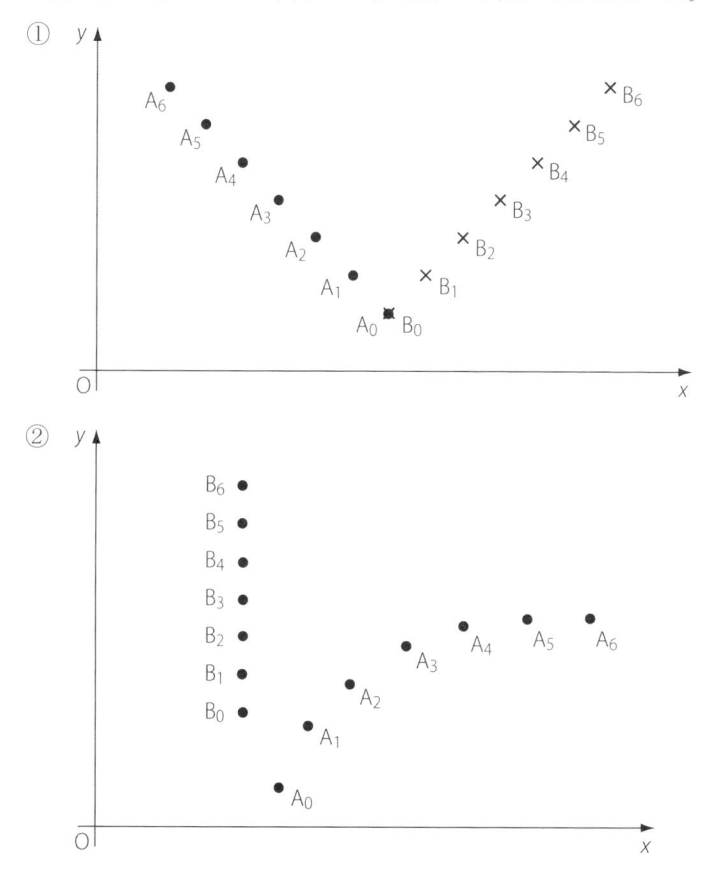

①

②

問題 6-2 点 A から点 B を見る相対位置ベクトルについて，カッコのなかで正しいほうを選べ。

相対位置を考える場合，その位置ベクトルの始点は（点 A・点 B）であり，相対位置のベクトルの終点は（点 A・点 B）である。すなわち，相対位置のベクトルの始点は（見られるほう・見るほう）の位置ベクトルの終点であり，

111

相対位置のベクトルの終点は（見られるほう・見るほう）の位置ベクトルの終点である。これをベクトル演算で考えたなら，（見られるほう・見るほう）の位置ベクトルから（見られるほう・見るほう）の位置ベクトルを引くことになる。

問題 6-3 表は点 A と点 B の 1〜7 の同時刻の位置を示している。点 A から点 B を見たとき，点 B がどのように動いているように見えるか，方眼グラフ用紙上に図示せよ。なお，表のなかの長さの単位は mm である。

時刻	点A x座標	点A y座標	点B x座標	点B y座標	相対的な値 x座標	相対的な値 y座標
1	5	8	40	3		
2	10	21	43	16		
3	18	32	43	29		
4	28	41	38	42		
5	46	46	28	53		
6	62	45	18	58		
7	75	36	6	59		

問題 6-4 道路と鉄道が平行して走っている。速度 60 km/h で走る自動車から，鉄道を走っている列車を観測した場合を考える。

① 同じ方向に速度 60 km/h で走っている列車は，車に乗っている人から見るとどのように見えるか。

② 同じ方向に速度 30 km/h で走っている列車は，車に乗っている人から見るとどのように見えるか。

③ 同じ方向に速度 120 km/h で走っている列車は，車に乗っている人から見るとどのように見えるか。

④ 逆方向に速度 60 km/h で走っている列車は，車に乗っている人から見るとどのように見えるか。

問題 6-5 船 A から見た船 B の相対速度を表すベクトルについて考えてみる。これまでの問いの結果をよく考え，カッコのなかで正しいほうを選べ。

相対速度ベクトルの始点は（船 A・船 B）の速度ベクトルの終点であり，

相対速度ベクトルの終点は（船 A・船 B）の速度ベクトルの終点である。すなわち，相対速度ベクトルの始点は（見られるほう・見るほう）の終点であり，相対速度ベクトルの終点は（見られるほう・見るほう）の終点である。これをベクトル演算で考えたなら，（見られるほう・見るほう）のベクトルから（見られるほう・見るほう）のベクトルを引くことになる。

問題 6-6 以下の問題に答えよ。

① 物体 A の速度ベクトルが（20, 60）と表せる。物体 B の速度ベクトルが（−35, 15）と表せる。物体 A から見た物体 B の相対速度ベクトルはどのように表せるか。図示して考えよ。

② 物体 A が y 軸方向に速度 30 km/h で進んでいる。物体 B が x 軸方向に速度 52 km/h で進んでいる。物体 B から見た物体 A の相対速度ベクトルはどのように表せるか。図示して考えよ。

③ 船舶 A が北西に 15 ノット，船舶 B が東北東に 20 ノットで進んでいる。船舶 A から船舶 B を見たとき，船舶 B はどの方向にいくらの速力で航行しているように見えるか。図示して考えよ。

問題 6-7 川幅 100 m の川の岸 A から対岸に向かって 15° だけ川上の地点 B に着きたい。それには，つねに対岸に向かって 45° だけ川上の方向に進めばよい。流れがないとしたときの舟の速さが 4 km/h のとき，川の流れの速さはいくらか。

ヒント：問題を図示して考える
　　　　速度の合成を考えて正弦定理を利用する

問題 6-8 東に向かって一定の速さで進む船がある。船上の人には初め風が北から吹いてくるように感じられたが，船の速さが 2 倍になったら北東から吹くように感じられた。

① この風はどの方向から吹いていたか。

② 最初船が 5 ノットであったとして，風の速さを求めよ。単位は m/s にせよ。

ヒント：北方向を y 軸にとり，最初の船の速度ベクトルと風の速度ベクトル

の x, y 成分をそれぞれ変数とする。それらの変数の関係を求め，風の速度ベクトルを 1 つの変数で表す。たとえば，最初の船の速度ベクトルを $\mathbf{s}=(a, 0)$，風の風速ベクトルを $\mathbf{w}=(p, q)$ と置き，p, q を a で表せばよい。

CHAPTER 7

船舶の運動現象の数式化

　この章では基礎的な力学を理解するとともに，船舶の運動現象を主なモデルとして学習する。基礎的な力学を理解すれば，航程を船の加速度から求めたり，定常旋回運動をしているときの旋回半径を角速度と船速から求めたりすることができる。また，船舶のトリム計算には力のモーメントを理解する必要がある。

7.1　運動の基礎

(1)　運動の法則

　物体の運動の状態を変化させる要因は力である。物体に力が作用すると，どのような運動の変化が起こるかを基本法則にまとめたのはニュートンであり，これを**運動の法則**という。

◆運動の第一法則（慣性の法則）

「物体は外部からの力が作用しなければ，いつまでも同じ運動状態を保とうとする。」

◆運動の第二法則（運動方程式）

「物体に外部から F の力が作用すると，力の大きさに比例し，その物体の質量 m に反比例した加速度 a が生じる。この加速度の向きは物体に力を加えた向きとなる。」

　国際単位系（SI）では，質量 $m = 1\,[\mathrm{kg}]$ の物体に加速度 $a = 1\,[\mathrm{m/s}]$ を生じさせる力を $F = 1\,[\mathrm{N}]$ と定めている。このとき力，質量，加速度の関係は式(7.1)

となり、これを**運動方程式**という。

$$F = ma \tag{7.1}$$

式(7.1)より、作用する力が同じであれば、質量が大きいほど生じる加速度は小さく、運動状態を保とうとする慣性が大きくなることがわかる。

◆ 運動の第三法則（作用・反作用の法則）

「物体 A が物体 B に力を作用させると、物体 A は物体 B から向きが反対で、大きさが同じ力の作用を受ける。」

力を作用させるほうの力を**作用**、他方の力を**反作用**といい、力を作用させあう物体間では、運動状態に関係なくこの法則が成り立つ。

例題 7-1 重さ（質量）30 ton の船舶に力を 15 kN 加えたとき、船舶に生じる加速度を求めよ。

解 運動の第二法則を使って加速度の大きさを求めることができる。

$F = 15000$ [N]、 $m = 30000$ [kg]

$$a = \frac{F}{m} = \frac{15000}{30000} = 0.5 \,[\text{m/s}^2]$$

(2) 速さと速度

時間 t [s] で距離 S [m] を移動したとき、速さ v [m/s] は

$$v = \frac{S}{t} \,[\text{m/s}] \tag{7.2}$$

で表される。また、速さが一定の場合、移動距離 S [m] は速さ v [m/s] と時間 t [s] の積で求めることができる。

$$S = v \times t \,[\text{m}] \tag{7.3}$$

この場合、時間と速さの関係は図 7.1 のようになる。また、移動距離は図 7.2 のように時間に比例して増加している。

図 7.1 時間と速さの関係図（速度一定の場合）

図 7.2 時間と移動距離の関係図（速度一定の場合）

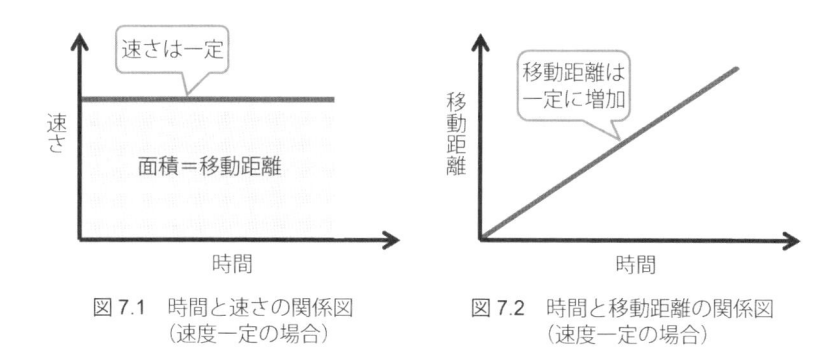

例題 7-2 午前 11 時に出港した A 船は 40 海里先の目的港へ午後 4 時ちょうどに到着したい。A 船の速力（速さ）を求めよ。

解 40 海里の距離を 5 時間で移動することとなる。

$$v = \frac{S}{t} = \frac{40}{5} = 8 \,[\text{ノット}]$$

例題 7-3 10 ノットで航行している A 船が 2 時間 15 分で進む距離を求めよ。

解 2 時間 15 分 $= 2 + \dfrac{15}{60}$ 時間 $= 2.25$ 時間であるから

$$S = v \times t = 10 \times 2.25 = 22.5 \,[\text{海里}]$$

例題 7-4 12 ノットで航行している船舶が 50 km 進むのにかかる時間を求めよ。

解 移動にかかる時間は距離を速さで割ることにより求めることができる。

$$t = \frac{S}{v} = \frac{\dfrac{50}{1.852}}{12} = 2.25 = 2 \,\text{時間}\, 15 \,\text{分}$$

◆ 速さが変化する場合

船舶などの乗り物を考えると，速さは一定ではなく，止まっている状態から加速し，目的地などで再び停止するのが一般的であり，時間と移動距離の関係

は図 7.3 のようになる。

　この場合も，速さ一定のときと同じく，速さの線で囲まれた面積が移動距離となる。ただし，速さが一定でないので，この面積は簡単に求めることができない。

　ここで，速さを時間で変化する関数 $v(t)$ と考えると，ある時間 t_1 から t_2 までに移動した距離 S は積分を用いて

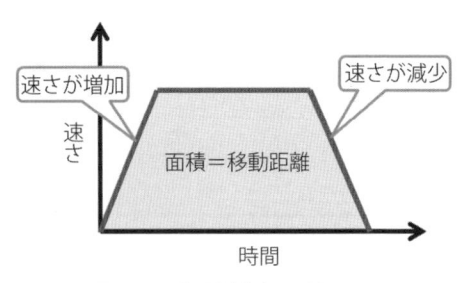

図 7.3　時間と速さの関係図
（速度が変化する場合）

$$S = \int_{t_1}^{t_2} v(t)dt \tag{7.4}$$

のように表すことができる。また，移動距離を時間変化する関数 $S(t)$ と考えると，速度 v は微分を用いて次の式(7.5)で求めることができる。

$$v = \frac{dS(t)}{dt} \tag{7.5}$$

　移動する速さとその方向を考えると**速度**となり，ベクトルで表される。

(3) 加速度

　物体に力が作用したとき，物体の運動は変化する。速度が変化する場合，その変化の割合を**加速度**という。時刻 t における加速度 a は速度 $v(t)$ を時間で微分することにより求めることができる。

$$a = \frac{dv(t)}{dt} \tag{7.6}$$

　また，式(7.6)は式(7.5)を用いることにより，次の式(7.7)のようになる。

$$a = \frac{dv(t)}{dt} = \frac{d}{dt}\left(\frac{dS(t)}{dt}\right) = \frac{d^2 S(t)}{dt^2} \tag{7.7}$$

つまり，移動距離を時間で2回微分すれば加速度を求めることができる。

いま，物体に力が作用し，等加速度運動をしている場合，時間と加速度の関係は図7.4のようになる。この場合，加速度を積分すると速度が求まる。また，加速度が一定の場合，時間と速度，時間と移動距離の関係はそれぞれ図7.5，図7.6のようになる。

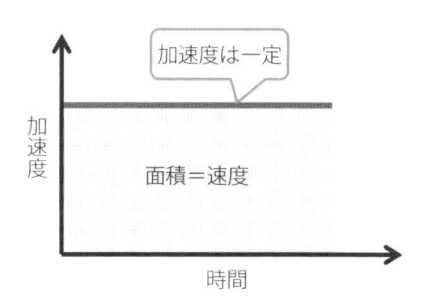

図7.4 時間と加速度の関係図
（加速度が一定の場合）

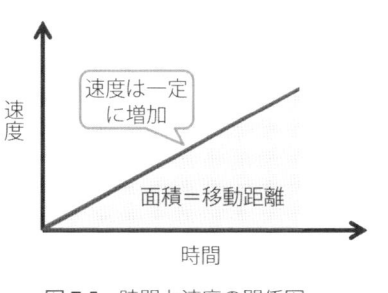

図7.5 時間と速度の関係図
（加速度が一定の場合）

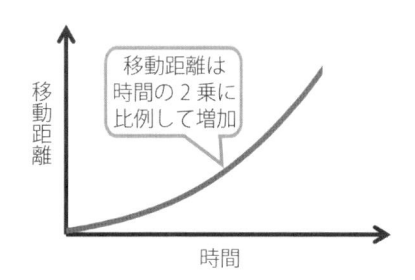

図7.6 時間と移動距離の関係図
（加速度が一定の場合）

加速度が一定の場合，速度は初速度を v_0 とすると式(7.8)のように一定に増加する。

$$v = v_0 + \int a\,dt = v_0 + at \tag{7.8}$$

また，等加速度運動の場合，移動距離は次のようになる。

$$S = \int (v_0 + at)dt = v_0 t + \frac{1}{2}at^2 \tag{7.9}$$

ここで，式(7.8)を2乗すると

$$v^2 = (v_0 + at)^2 = v_0^2 + 2v_0 at + a^2 t^2 = v_0^2 + 2a\left(v_0 t + \frac{1}{2}at^2\right)$$

となり，式(7.9)から次の式を得ることができる。

$$v^2 = v_0^2 + 2aS \tag{7.10}$$

例題 7-5 重さ 20ton の船舶に力を 500N 加える。5 分後の速力と航行距離を求めよ。

解 運動の第二法則を使って加速度の大きさを求める。

$$a = \frac{F}{m} = \frac{500}{20000} = 0.025 \,[\text{m/s}^2]$$

$$v = at = 0.025 \times 300 = 7.5 \,[\text{m/s}]$$

ノットに変換すると $v = \dfrac{7.5 \times 3600}{1.852 \times 1000} = 14.6 \,[\text{ノット}]$

$$S = \frac{1}{2}at^2 = \frac{1}{2} \times 0.025 \times 300^2 = 1125 \,[\text{m}]$$

海里に変換すると $S = \dfrac{1125}{1.852 \times 1000} = 0.6 \,[\text{海里}]$

例題 7-6 20 ノットで航走中の船舶が機関を後進にかけ，40 秒後に停止した。停止までに移動した距離を，等加速度運動として計算せよ。

解 まず，加速度を求める。

$$a = \frac{0 - \dfrac{20 \times 1.852 \times 1000}{3600}}{40} = -0.257 \,[\text{m/s}^2]$$

したがって停止した距離は

$$S = v_0 t + \frac{1}{2}at^2 = \frac{20 \times 1.852 \times 1000}{3600} \times 40 + \frac{1}{2} \times (-0.257) \times 40^2 = 205.95 \,[\text{m}]$$

海里に変換すると $S = \dfrac{205.95}{1.852 \times 1000} = 0.11 \,[\text{海里}]$

例題 7-7 10 ノットで航走中の船舶が機関を後進にかけた後，0.3 海里先で停止した。停止までにかかった時間を，等加速度運動として計算せよ。

解 停止までにかかった時間を t 秒とし，加速度を求める。

$$a = \frac{0 - \dfrac{10 \times 1.852 \times 1000}{3600}}{t} = -\frac{25 \times 1.852}{9 \times t} \, [\text{m/s}^2]$$

式(7.9)に $S = 0.3$ [海里]を代入して

$$S = v_0 t + \frac{1}{2}at^2$$

$$0.3 \times 1.852 \times 1000 = \frac{10 \times 1.852 \times 1000}{3600} \times t + \frac{1}{2} \times \left(-\frac{25 \times 1.852}{9 \times t}\right) \times t^2$$

t についてまとめると

$$t = 300 \times \frac{18}{25} = 216 \, [\text{s}] = 3 \, 分 \, 36 \, 秒$$

例題 7-8 12 ノットで航走中の船舶が機関を後進にかけた後，1 海里先で停止した。等加速度運動として加速度を計算せよ。

解 加速度を a として，式(7.10)に $v = 12$ [ノット]，$v_0 = 0$ [ノット]，$S = 1$ [海里]を代入して

$$0^2 = \left(\frac{12 \times 1.852 \times 1000}{3600}\right)^2 + 2 \times (1 \times 1.852 \times 1000) \times a$$

$$a = -0.01 \, [\text{m/s}^2] \quad (減速の加速度)$$

(4) 円運動

半径 r の円周上を運動する円運動を考える。このとき，円の中心における角度変化の割合を**角速度**といい，式(7.10)のように角度変位量 θ を時間で微分することにより求めることができる。

$$\omega = \frac{d\theta}{dt} \tag{7.11}$$

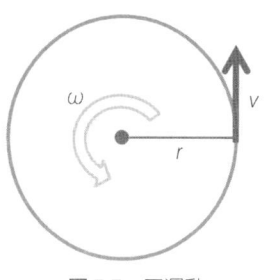

図 7.7 円運動

また，円周上での周速度 v は半径と角速度の積により求めることができる。

$$v = r \times \omega \tag{7.12}$$

角速度が時間変化する場合，その変化の割合を**角加速度**といい，角速度を時間で微分することにより求めることができる。

$$\dot{\omega} = \frac{d\omega}{dt} = \frac{d}{dt}\left(\frac{d\theta}{dt}\right) = \frac{d^2\theta}{dt^2} \tag{7.13}$$

角加速度が一定の場合，角加速度および角変量はそれぞれ式(7.14)，式(7.15)により求めることができる。また，これらの式は等加速度運動の式(7.8)，式(7.9)と同じ形である。

$$\omega = \omega_0 + \dot{\omega} \times t \tag{7.14}$$

$$\theta = \omega_0 \times t + \frac{1}{2} \times \dot{\omega} \times t^2 \tag{7.15}$$

また，式(7.14)，式(7.15)より次の式を得ることができる。

$$\omega^2 = \omega_0^2 + 2\dot{\omega}\theta \tag{7.16}$$

例題 7-9 12 ノットで航走中の船舶が半径 0.2 海里の旋回をしている。1 分間に船首方位が何度変化するのか求めよ。

解 船体の旋回の角速度と，船首方位の変化割合は等しくなる。

まず角加速度を求める。

$$\omega = \frac{v}{r} = \frac{\frac{12 \times 1.852 \times 1000}{3600}}{0.2 \times 1.852 \times 1000} = 0.0166 \,[\text{rad/s}]$$

したがって，1 分間に変化する船首方位は

$$\theta = \frac{0.0166 \times 60 \times 180}{\pi} = 57.3 \,[\text{度}]$$

例題 7-10 変針の角速度が $0.1\,[\mathrm{rad/s}]$ の場合，90度変針するのにかかる時間を求めよ。ただし，定常旋回運動をしているものとする。

解 変位角を角速度で割ることにより，かかる時間を求めることができる。

$$t = \frac{\theta}{\omega} = \frac{\frac{90 \times \pi}{180}}{0.1} = 15.7\,[\mathrm{s}]$$

例題 7-11 15ノットで半径0.4海里の旋回をしている船舶が，減速を始めてから180度旋回して停止した。停止までの時間を，等角加速度運動として求めよ。

解 減速前の角速度を求める。

$$\omega_0 = \frac{v}{r} = \frac{\frac{15 \times 1.852 \times 1000}{3600}}{0.4 \times 1.852 \times 1000} = 0.01\,[\mathrm{rad/s}]$$

停止までにかかった時間を t とし，角加速度を求める。

$$\dot{\omega} = \frac{\omega - \omega_0}{t} = -\frac{0.01}{t}\,[\mathrm{rad/s^2}]$$

式(7.15)に変位角，角速度，角加速度を代入する。

$$\frac{180 \times \pi}{180} = t \times 0.01 + \frac{1}{2} \times \left(-\frac{0.01}{t}\right) \times t^2$$

$$t = \frac{\pi}{0.005} = 628.3\,[\mathrm{s}]$$

7.2 喫水とトリム

(1) 浮力と喫水

水中でのある一点は，図7.8のように全方向から同じ大きさの水圧を受ける。水深が h の場合，水圧 P は式(7.17)のようになる。

図7.8 水中の点が受ける水圧

$$P = \rho g h + P_0 \tag{7.17}$$

ρ：水の密度，P_0：大気圧

ここで水面に浮かんでいる物体を考えると，図 7.9 のように，水中では物体の表面に垂直な内側の方向に，水圧が働く。この水圧は横方向では向かい合わせの力となるため打ち消し合い，鉛直上向きの水圧が物体を押し上げようとする。この上向きの力の合力を**浮力**といい，図 7.10 のように物体の重さと浮力がちょうど釣り合うところで物体は静止して浮かぶ。

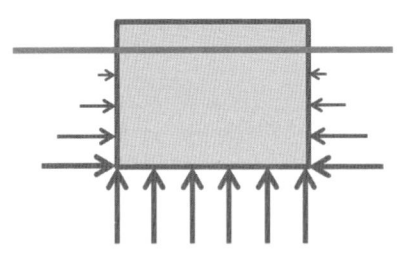

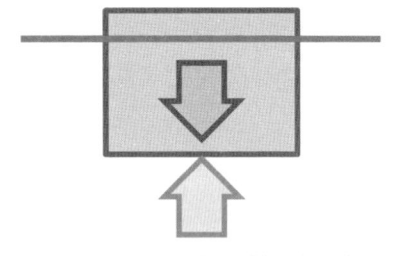

図 7.9　水面に浮かぶ物体にかかる水圧　　図 7.10　物体の重さと浮力の釣り合い

浮力と物体の重さが釣り合っているとき，物体が押しのけた水の質量と同じだけの浮力を受ける。物体が押しのけた水の容積分の重さを**排水量**または排水トン数といい，物体の重さと等しくなる。排水トン数 W は，排水容積 V と水の密度 ρ から次式のように求まる。

$$W = V \times \rho \tag{7.18}$$

例題 7-12　長さ 10m，幅 5m，高さ 1m の直方体を水面に浮かべた場合，喫水は何 cm になるか求めよ。ただし，直方体の重さは 20 ton，水の密度を 1.0 ton/m^3 とし，大気圧は考慮しないものとする。

解　直方体の喫水を d として排水量 D を求める。

$$D = d \times 10 \times 5 \times \rho$$

排水量と直方体の重さが等しいので

$50d = 20$

$d = 0.4\,[\mathrm{m}] = 40\,[\mathrm{cm}]$

例題 7-13 例題 7-12 において，水の密度を $1.025\,\mathrm{ton/m^3}$ とし，喫水を求めよ。

解 喫水を d として排水量 D を求める。

$D = d \times 10 \times 5 \times \rho$

排水量と直方体の重さが等しいので

$51.25d = 20$

$d = 0.39\,[\mathrm{m}] = 39\,[\mathrm{cm}]$

例題 7-14 重さ $2\,\mathrm{ton}$ の錨を海中に沈めたとき，海中での錨の重さを求めよ。ただし，錨の密度は $7.5\,\mathrm{ton/m^3}$，海水の密度を $1.025\,\mathrm{ton/m^3}$ とする。

解 物体の比重が海水より大きい場合，物体はすべて海中に沈むので，物体の容積から浮力を求めることができる。

まず錨の容積 V を求める。

$$V = \frac{W}{\rho} = \frac{2}{7.5} = 0.27\,[\mathrm{m^3}]$$

次に錨の浮力を求める。

$b = V \times \rho = 0.28\,[\mathrm{ton}]$

したがって，錨の海中での重量は

$W' = 2 - 0.28 = 1.72\,[\mathrm{ton}]$

◆ 毎センチ排水トン数

船の平均喫水を $1\,\mathrm{cm}$ 増減させるために必要な重さを毎センチ排水トン数（T.P.C.：tons per cm immersion）という。T.P.C. は喫水によって異なるが，船型により求まる値であり，排水量等曲線図（hydrostatic curves）から求めることができる。また，通常 T.P.C. は海水での値であり，海水と密度が異なる場合は修正しなければならない。ある喫水付近での水線面積 A_w の変化がないと

すると，T.P.C. は次のようになる。

$$\text{T.P.C.} = T = A_w \times \frac{1}{100} \times 1.025 \tag{7.19}$$

また，密度が ρ' のとき，T.P.C. は次のようになる。

$$T' = T \times \frac{\rho'}{1.025} \tag{7.20}$$

例題 7-15 長さ 10 m，幅 5 m，高さ 1 m の直方体が水面に浮いている。この物体の T.P.C. を求めよ。ただし，海水の密度を $1.025\,\text{ton/m}^3$ とする。

解 まず水線面積 A_w を求める。

$$A_w = 10 \times 5 = 50\,[\text{m}^2]$$

したがって

$$\text{T.P.C.} = A_w \times \frac{1}{100} \times 1.025 = 0.513$$

∴ 0.51 [ton]

(2) 力のモーメント

図 7.11 のように，軸で固定された物体に，軸を通らない垂直な方向に力を働かせると，この物体は軸まわりに回転する。このように物体を回転させようとする力の働きを**力のモーメント**という。

力のモーメントは式 (7.21) のように，軸から力のかかる場所までの距離 L と力 F の積となり，単位は N·m である。このとき，L をモーメントの腕と呼ぶ。式 (7.21) より，力のかかる点が回転中心から遠くなるほどモーメントが大きくなる

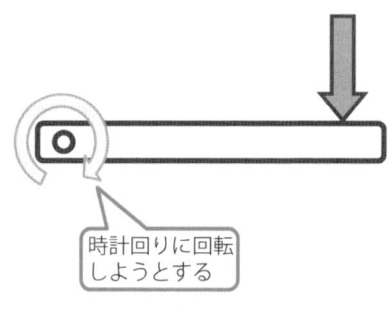

図 7.11　力のモーメント

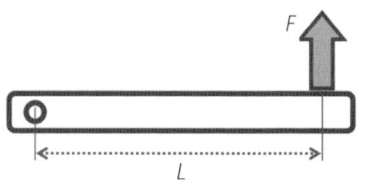

(時計回りに回転しようとする)

図 7.12　モーメントの腕

ことがわかる。また，モーメントは力の大きさだけでなく回転方向も持っており，左回り（反時計回り）がプラスとなる。

$$N = FL \tag{7.21}$$

例題 7-16 図のようにボルトをスパナで締めるとき，スパナに 30N の力を加えた。ボルトから力を加えた場所までの距離を 20cm とすると，ボルトにかかる力のモーメントを求めよ。

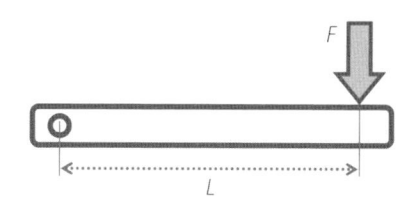

解 モーメントは力と距離の積であり，右回りなのでマイナスがつく。

$$N = FL = -30 \times 0.2 = -6$$

∴ 右回り 6N・m

◆ **複数の力がかかる場合**

2 力以上の力がかかる場合，力のモーメントはそれぞれの力のモーメントの和で求めることができる。このとき，回転中心に対しての回転方向を考慮する必要がある。

$$N = F_1 L_1 + F_2 L_2 + F_3 L_3 + \cdots + F_n L_n = \sum_{i=1}^{n} F_i L_i \tag{7.22}$$

例題 7-17 図のように 2 つの力が働く場合，回転軸でのモーメントを求めよ。ただし，$F_1 = 20 [N]$，$F_2 = 5 [N]$，$L_1 = 0.3 [m]$，$L_2 = 1.0 [m]$ とし，棒の重さは考慮しなくてよい。

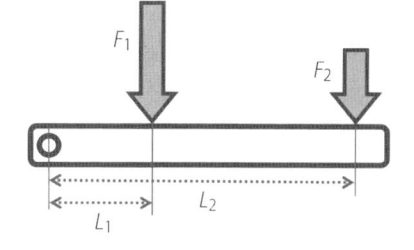

解 各力のモーメントを合計する。

$$N = -F_1L_1 - F_2L_2 = -20 \times 0.3 - 5 \times 1 = -11$$

∴ 右回り 11 N・m

◆ 物体が静止している場合

図 7.13 のように 2 つの力のモーメントがかかり，物体が回転をせずに静止している場合は，式(7.23)のように力のモーメントの合計が 0 となっている。

$$F_1L_1 - F_2L_2 = 0 \qquad (7.23)$$

つまり，物体が回転していない場合は，物体のある点にかかるモーメントの合計が 0 となっている。また，物体上のどの点においてもこれは成り立っている。

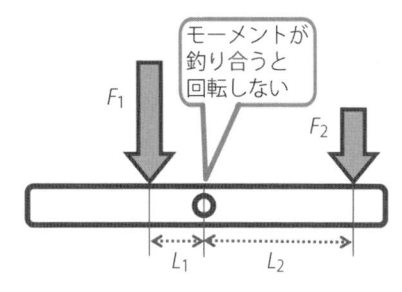

図 7.13 モーメントの釣り合い

$$N = N_1 + N_2 + \cdots + N_n = \sum_{i=1}^{n} N_i = 0 \qquad (7.24)$$

例題 7-18 図のように長さ 1 m の棒の両端に力がかかっている場合，2 つの力が釣り合う支点の位置を求めよ。ただし，$F_1 = 30$ [N]，$F_2 = 20$ [N] とし，棒の重さは考慮しなくてよい。

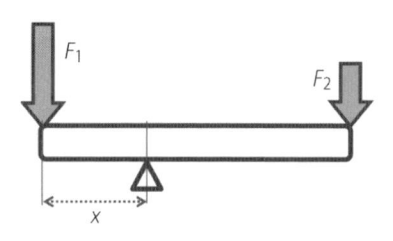

解 支点にかかる力を R とする。支点での反力は，かかる力の合計と等しい。

$$R = F_1 + F_2 = 30 + 20 = 50$$

また，左端から支点までの距離を x とし，棒の左端でのモーメントを考えると

$$N = 0 \times 20 + x \times 50 - 1 \times 20 \quad \cdots\cdots ①$$

力が釣り合っているので，棒上のどの点においてもモーメントは 0 となる。

したがって，式①は $N = 0$ となる。

$$N = 0 = 50x - 20$$

$$x = 0.4 \, [\text{m}]$$

∴ 支点は左端より 40 cm の位置となる。

例題 7-19 図のように棒の上に2つの重りが載っている場合，それぞれの支点での反力を求めよ。ただし，$W_1 = 20 \, [\text{kg}]$，$W_2 = 40 \, [\text{kg}]$，$L_1 = 0.5 \, [\text{m}]$，$L_2 = 2.0 \, [\text{m}]$，$L_3 = 1.5 \, [\text{m}]$ とし，棒の重さは考慮しなくてよい。

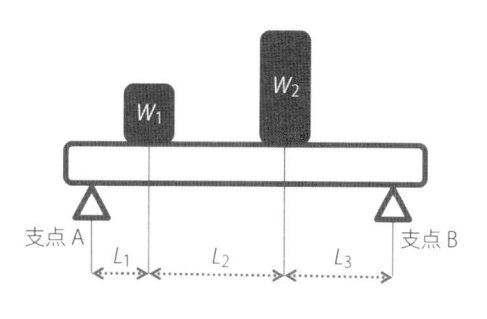

解 支点にかかる力をそれぞれ R_a，R_b とする。

支点での反力の合計は，かかる力の合計と等しい。

$$R_a + R_b = (W_1 + W_2)g \quad \cdots\cdots ①$$

また，A 点周りのモーメントの釣り合いより

$$(L_1 + L_2 + L_3)R_b - L_1 W_1 g - (L_1 + L_2)W_2 g = 0$$

$$R_b = 269.5 \, [\text{N}]$$

式①に代入すると

$$R_a = 318.5 \, [\text{N}]$$

∴ 支点 A では 318.5 N，支点 B では 269.5 N の反力が生じる。

(3) トリムとモーメント

船の船首喫水と船尾喫水の差をトリムといい，船首尾方向が傾斜した状態を表している。船の運航上，トリムはたいへん重要であり，運航者はトリムをつねに把握しておかなければならない。

船内で重量物を船首尾方向に移動させた場合，トリムは変化する。このとき，図 7.14 のようにトリム変化前の水線面と，変化後の水線面が交わる点がある。

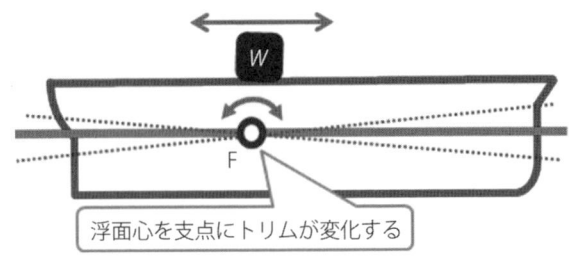

図7.14　トリムの変化と浮面心

この点を浮面心といい，通常は船体中央より後方にある。

トリムを 1 cm 変化させるのに必要なモーメントを毎センチトリムモーメント（M.T.C. : moment of change trim per centimeter）と呼び，船首尾方向に重さ w [ton]の貨物を d [m]移動させたとき，トリムの変化 t [cm]は次のようになる。

$$t = \frac{w \times d}{\text{M.T.C.}} \tag{7.25}$$

M.T.C.は船の重さ W [ton]，長さ L [m]，縦方向の回転中心の位置（縦メタセンタ高さ）GM_L [m]がわかっていれば，次式より求めることができる。

$$\text{M.T.C.} = \frac{W \times GM_L}{100 \times L} \tag{7.26}$$

図 7.15 のように，長さ L [m]の船において，重さ w [ton]の貨物を d [m]移動させたときの船首喫水 d_f [m]，船尾喫水 d_a [m]の変化を求める。ただし，浮面心は船体中央より後方 a [m]の位置にあるものとする。

まず，式(7.25)よりトリムの変化量 t を求める。

$$t = \frac{w \times d}{\text{M.T.C.}} = t_f + t_a$$

次に，前後のトリム変化量を求める。図を見てもわかるように $t_a : L_a = t_f : L_f = t : L$ となるので，それぞれのトリム変化量は以下のとおりである。

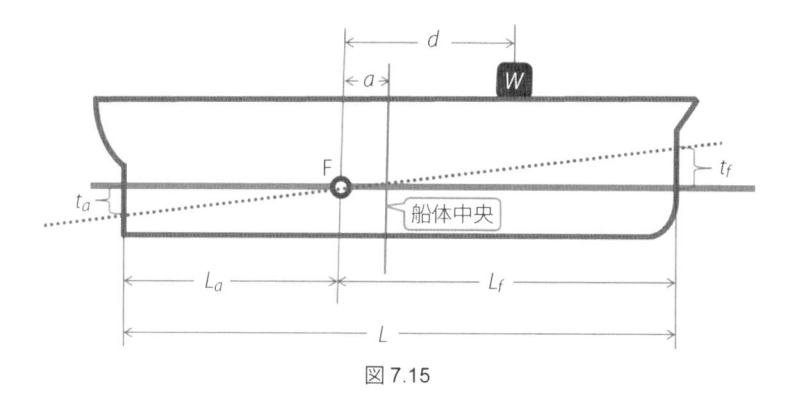

CHAPTER 7 船舶の運動現象の数式化

図 7.15

船首喫水の変化量 $t_f = t \times \dfrac{L_f}{L}$

船尾喫水の変化量 $t_a = t \times \dfrac{L_a}{L}$

トリムがどの方向に変化したかに注意し，新しい喫水を求める．この場合，貨物を前方に移動させているので船首喫水 d_f が増加し，船尾喫水 d_a が減ることとなる．

新しい船首喫水　$d'_f = d_f + t_f$

新しい船尾喫水　$d'_a = d_a - t_a$

まとめると次のようになる．なお，船尾方向に貨物を移動させた場合は喫水の増減が逆となる．

$$d'_f = d_f \pm \dfrac{w \times d}{\text{M.T.C.}} \times \dfrac{L_f}{L}$$
$$d'_a = d_a \mp \dfrac{w \times d}{\text{M.T.C.}} \times \dfrac{L_a}{L}$$
（7.27）

例題 7-20　船首喫水 3.50 m，船尾喫水 4.10 m の船で，重さ 24 ton の貨物を船首方向に 20 m 移動させた．このときの船首尾の喫水を求めよ．ただし，船

の長さは 54m，M.T.C. は 15ton·m であり，浮面心は船体中央より後方 2m である．

解 まずトリムの変化を求める．

$$t = \frac{w \times d}{\text{M.T.C.}} = \frac{24 \times 20}{15} = 32\,[\text{cm}]$$

次に船首尾でのトリム変化を求める．

$$\text{船首トリム変化}(+) \quad t_f = t \times \frac{L_f}{L} = 32 \times \frac{29}{54} = 17.2\,[\text{cm}]$$

$$\text{船首トリム変化}(-) \quad t_a = t \times \frac{L_a}{L} = 32 \times \frac{25}{54} = 14.8\,[\text{cm}]$$

したがって

$$\text{新しい船首喫水} \quad d'_f = d_f + t_f = 3.5 + 0.172 = 3.672\,[\text{m}]$$

$$\text{新しい船尾喫水} \quad d'_a = d_a - t_a = 4.1 - 0.148 = 3.952\,[\text{m}]$$

∴ 船首喫水 3.67m，船尾喫水 3.95m

例題 7-21 例題 7-20 の船で 24ton の貨物を前後どちらの方向にどれだけ動かせば船首尾の喫水が等しくなるか計算せよ．

解 貨物を移動させる距離を x とし，トリムの変化を求める．

$$t = \frac{w \times d}{\text{M.T.C.}} = \frac{24 \times x}{15} = 1.6x\,[\text{cm}]$$

現在のトリムを求める．

$$d_a - d_f = 4.1 - 3.5 = 0.6\,[\text{m}]$$

したがって，トリムを 60cm 船首に変化させればよい（船首方向に貨物を移動させる）．

$$x = \frac{60}{1.6} = 37.5\,[\text{m}]$$

∴ 船首方向に 37.5m 動かせばよい

◆積荷・揚荷によるトリムの変化

　船に積荷もしくは揚荷する場合，喫水が変化するだけでなく，浮面心の鉛直線上から揚げ降ろししない限り，トリムも変化する。この場合，浮面心の鉛直線上から積荷・揚荷したものとして船首尾喫水の増減を計算した後，貨物を積荷・揚荷した位置に移動させ，トリム変化を計算すればよい。

　つまり，喫水の変化は式(7.27)に貨物の揚げ降ろしによる増減を加えればよいこととなる。なお，積荷した場合は「＋」，揚荷した場合は「－」となる。

$$d'_f = d_f \pm \frac{w}{\text{T.P.C.}} \pm \frac{w \times d}{\text{M.T.C.}} \times \frac{L_f}{L}$$
$$d'_a = d_a \pm \frac{w}{\text{T.P.C.}} \mp \frac{w \times d}{\text{M.T.C.}} \times \frac{L_a}{L}$$
(7.28)

例題 7-22　船首喫水 7.50 m，船尾喫水 9.10 m の船で，重さ 100 ton の貨物を船体中央から 30 m の場所に積んだときの船首尾喫水を求めよ。ただし，船の長さは 120 m，M.T.C. は 60 ton・m，T.P.C. は 10 ton であり，浮面心は船体中央より後方 6 m である。

解　平均沈降量 δ を求める。

$$\delta = \frac{100}{\text{T.P.C.}} = 10 \,[\text{cm}]$$

トリム変化を求める。

$$t = \frac{w \times d}{\text{M.T.C.}} = \frac{36 \times 100}{60} = 60 \,[\text{cm}]$$

船首尾でのトリム変化を求める。

　　船首トリム変化(+)　$t_f = t \times \frac{L_f}{L} = 60 \times \frac{66}{120} = 33 \,[\text{cm}]$

　　船首トリム変化(−)　$t_a = t \times \frac{L_a}{L} = 60 \times \frac{54}{120} = 27 \,[\text{cm}]$

したがって

新しい船首喫水　$d'_f = d_f + \delta + t_f = 7.5 + 0.1 + 0.33 = 7.93\,[\text{m}]$

新しい船尾喫水　$d'_a = d_a + \delta - t_a = 9.1 + 0.1 - 0.27 = 8.93\,[\text{m}]$

例題 7-23 例題 7-22 の船において，船体中央から前方 30 m から 120 ton，後方 20 m から 200 ton 揚荷した。このときの船首尾の喫水を求めよ。

解 平均浮揚量 δ を求める。

$$\delta = \frac{120 + 200}{\text{T.P.C.}} = 32\,[\text{cm}]$$

トリムモーメントを求める。

前方からの揚荷（船尾トリムになる）$w \times d = 120 \times 36 = 4320$

後方からの揚荷（船首トリムになる）$w \times d = 200 \times 14 = 2800$

それぞれのトリムモーメントを比較すると，船尾トリムになるモーメントのほうが大きい。

トリムの変化を求める。

$$t = \frac{4320 - 2800}{\text{M.T.C.}} = \frac{1520}{60} = 25.3\,[\text{cm}]$$

船首尾でのトリム変化を求める。

船首トリム変化(−)　$t_f = t \times \dfrac{L_f}{L} = 25.3 \times \dfrac{66}{120} = 13.9\,[\text{cm}]$

船首トリム変化(+)　$t_a = t \times \dfrac{L_a}{L} = 25.3 \times \dfrac{54}{120} = 11.4\,[\text{cm}]$

したがって

新しい船首喫水　$d'_f = d_f - \delta - t_f = 7.5 - 0.32 - 0.14 = 7.04\,[\text{m}]$

新しい船尾喫水　$d'_a = d_a - \delta + t_a = 9.1 - 0.32 + 0.11 = 8.89\,[\text{m}]$

7.3 船の操縦性指数

操舵による船体運動は,舵の力と船の運動方程式から式(7.29)のように,旋回角速度 ω についての1次の微分方程式で良い精度で近似することができる。

$$T\frac{d\omega}{dt} + \omega = K\delta(t) \tag{7.29}$$

ただし,$\delta(t)$ は舵角である。T および K は,**操縦性指数**と呼ばれる船の操縦性を定量的に表す定数であり,Z操縦試験で求めることができる。

舵角を瞬時に δ_0 としたとき,式(7.29)を初期条件 $t=0$, $\omega=0$ として解くと,舵角 δ_0 に対する旋回角速度の時間変化は式(7.30)となり,図 7.16 に示すような旋回角速度となる。

$$\omega(t) = K\delta_0(1 - e^{-t/T}) \tag{7.30}$$

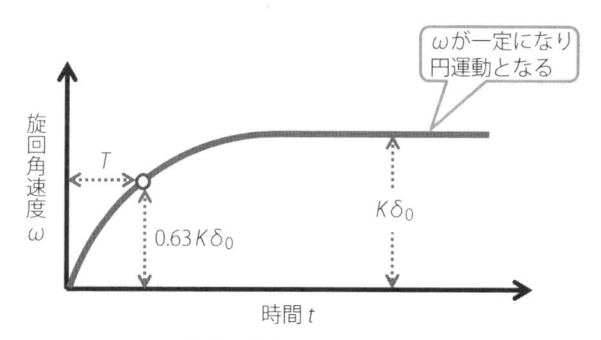

図 7.16 操舵に対する旋回角速度の時間変化

(1) K:旋回性指数

図 7.16 にみられるように,操舵後ある時間が経過すると旋回角速度は一定の値となり,船は円運動することになる。K は旋回性指数と呼ばれ,操舵後の旋回運動の最大角速度の大小を表す定数である。K は舵による旋回力と船の旋回抵抗の比であって,大きいほど旋回角速度は大きく旋回性は良くなる。

(2) T: 追従性指数

T は追従性指数と呼ばれ，図 7.16 にみられるように，操舵後に最大旋回角速度に達するまでの時間の長短を表す定数である。T は船の慣性と旋回抵抗の比であって，T が小さいほど操舵に対する旋回の応答が早く，舵効きが良い。

操縦性指数 T および K の大小を 4 つのパターンに組み合わせた旋回角速度の時間変化と旋回軌跡を図 7.17 に示す。

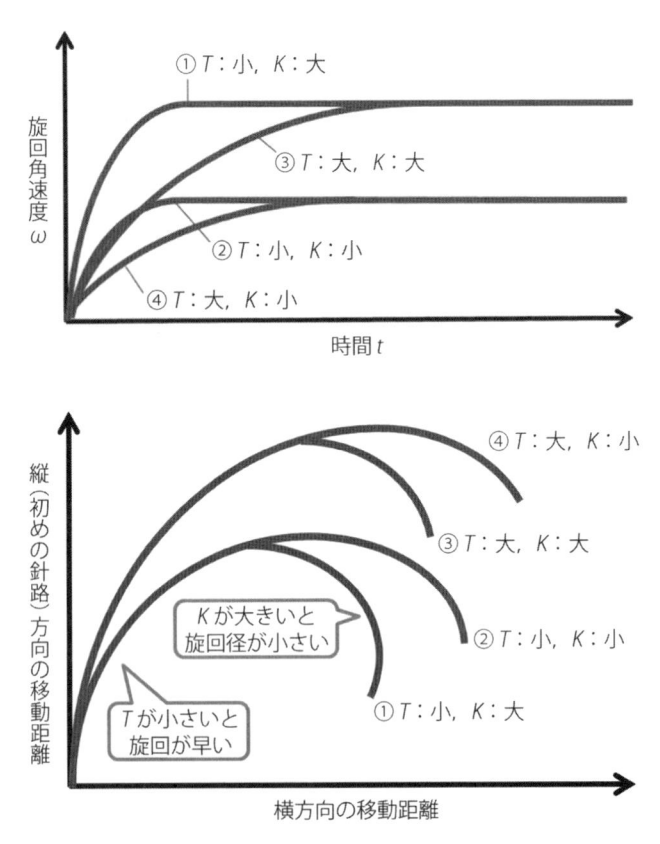

図 7.17　操縦性の違いによる旋回角速度の時間変化（上）と旋回軌跡（下）

① T：小，K：大 「追従性，旋回性が共に良い船」
すぐに舵が効き，旋回径が小さい。
② T：小，K：小 「追従性は良いが，旋回性が良くない船」
すぐに舵が効くが，旋回径が大きい。
③ T：大，K：大 「追従性は良くないが，旋回性が良い船」
舵が効くのに時間が掛かり，旋回径が小さい。
④ T：大，K：小 「追従性，旋回性が共に良くない船」
舵が効くのに時間が掛かり，旋回径が大きい。

*

問題 7-1 重さ 100 ton の船舶にタグボートで力を 20 kN 加えた。船舶に生じる加速度を求めよ。

問題 7-2 正午に出港した A 船は 100 km 先の目的港へ午後 5 時ちょうどに到着したい。A 船の速力（速さ）を単位ノットで求めよ。

問題 7-3 15 ノットで航行している A 船が 3 時間 30 分で進む距離を単位 km で求めよ。

問題 7-4 12 ノットで航行している船舶が 50 海里進むのにかかる時間を求めよ。

問題 7-5 重さ 20 ton の船舶に力を 200 N 加え続けた。15 分後の速力と航行距離を求めよ。

問題 7-6 15 ノットで航走中の船舶が機関を後進にかけ 1 分後に停止した。停止までに移動した距離を，等加速度運動として計算せよ。

問題 7-7 15 ノットで航走中の船舶が機関を後進にかけた後，0.5 海里先で停止した。停止までにかかった時間を，等加速度運動として計算せよ。

問題 7-8 20 ノットで航走中の船舶が機関を後進にかけた後，0.5 海里先で停止した。等加速度運動として加速度を計算せよ。

問題 7-9 10 ノットで航走中の船舶が半径 0.3 海里の旋回をしている。1 分間に船首方位が何度変化するのか求めよ。

問題 7-10 変針の角速度が 0.15 rad/s の場合，60 度変針するのにかかる時間を求めよ。ただし，定常旋回運動をしているものとする。

問題 7-11 16 ノットで半径 0.5 海里の旋回をしている船舶が，減速を始めてから 120 度旋回して停止した。停止までの時間を，等角加速度運動として求めよ。

問題 7-12 半径 3m，高さ 1m の円柱を浮かべた場合，喫水は何 cm になるか求めよ。ただし，円柱の重さは 20 ton，海水の密度を 1.025 ton/m^3 とし，大気圧は考慮しないものとする。

問題 7-13 問題 7-12 において，水の密度を 1.0 ton/m^3 とし，喫水を求めよ。

問題 7-14 重さ 3 ton の錨を海中に沈めたとき，海中での錨の重さを求めよ。ただし，錨の密度は 7.5 ton/m^3，海水の密度を 1.025 ton/m^3 とする。

問題 7-15 長さ 20m，幅 4m，高さ 1m の直方体が水面に浮いている。この物体の T.P.C. を求めよ。ただし，海水の密度を 1.025 ton/m^3 とする。

問題 7-16 図のようにボルトをスパナで締めるとき，スパナに 50N の力を加えた。ボルトから力を加えた場所までの距離を 15cm とすると，ボルトにかかる力のモーメントを求めよ。

問題 7-17 図のように 3 つの力が働く場合，回転軸でのモーメントを求めよ。ただし，$F_1 = 40$ [N]，$F_2 = 20$ [N]，$F_3 = 10$ [N]，$L_1 = 0.2$ [m]，$L_2 = 0.2$ [m]，$L_3 = 0.4$ [m] とし，棒の重さは考慮しなくてよい。

問題 7-18 図のように長さ 1m の棒の両端に力がかかっている場合，2 つの力が釣り合う支点の位置を求めよ。ただし，$F_1 = 30$ [N]，$F_2 = 20$ [N] とし，棒の重さを 10kg とする。

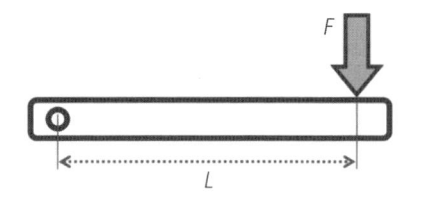

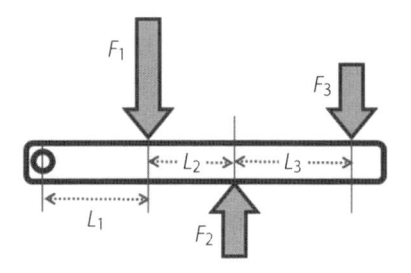

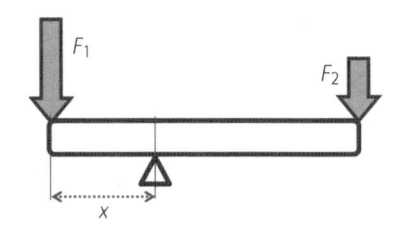

問題 7-19 図のように棒の上に2つの重りが載っている場合，それぞれの支点での反力を求めよ。ただし，$W_1 = 10$ [kg]，$W_2 = 40$ [kg]，$W_3 = 20$ [kg]，$L_1 = 0.1$ [m]，$L_2 = 0.15$ [m]，$L_3 = 0.2$ [m]，$L_4 = 0.1$ [m] とし，棒の重さは考慮しなくてよい。

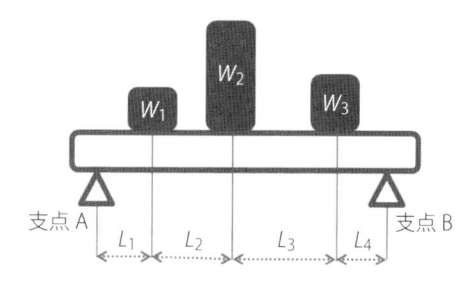

問題 7-20 船首喫水 4.50 m，船尾喫水 5.40 m の船で，重さ 150 ton の貨物を船首方向に 50 m 移動させた。このときの船首尾の喫水を求めよ。ただし，船の長さは 120 m，M.T.C. は 75 ton・m であり，浮面心は船体中央より後方 6 m である。

問題 7-21 船首喫水 5.0 m，船尾喫水 6.10 m の船で，重さ 200 ton の貨物を船首方向に移動させたところ，船首喫水が 5.5 m となった。このときの船尾喫水を求めよ。ただし，船の長さは 140 m，重さは 7000 ton，縦メタセンタは 150 m であり，浮面心は船体中央より後方 8 m である。

問題 7-22 船首喫水 8.30 m，船尾喫水 9.20 m の船で，重さ 120 ton の貨物を船体中央から後方 30 m の場所に積み，前方 20 m から 50 ton 揚荷した。このときの船首尾喫水を求めよ。ただし，船の長さは 130 m，M.T.C. は 80 ton・m，T.P.C. は 15 ton であり，浮面心は船体中央より後方 6 m である。

CHAPTER 8

周期的な振動

　ローリング，ピッチングなどの動揺や船の舵効きといった船体運動，機械系の振動，コイルやコンデンサを含んだ電気回路の挙動は，これまで学んできた基礎数理を基に，**微分方程式**で表現することができる．とくに，船の動揺，機械の振動，交流電気回路，電波や音波の伝搬は，周期的な**振動現象**であり，基本的には同一形式の微分方程式で表現することができる．

　ここで，**線形1階微分方程式**，**線形2階微分方程式**を解くことにより，こうした実際の現象を数式で理解することを試みていく．

8.1 線形1階微分方程式による増大・減衰系現象の理解

(1) 積分因数法による基本式の解法

　式(8.1)は，線形1階微分方程式と呼ばれるものであり，この式で表現されるモデルを説明していく．ここで，「1階」の意味は，式中の微分が1回であるという意味である（次節の線形2階微分方程式と比較してほしい）．

$$\frac{dy}{dx} + P(x)y = Q(x) \tag{8.1}$$

ここで $P(x)$ や $Q(x)$ は x の関数である．この形の微分方程式を解くためにはさまざまな手法があるが，ここでは積分因数法で解いていく．まず，**積分因数**を式(8.2)に定義する．

$$e^{\int P(x)dx} \tag{8.2}$$

この関数を式(8.1)の各項に掛けると，式(8.3)となる．

$$e^{\int P(x)dx}\frac{dy}{dx} + e^{\int P(x)dx}P(x)y = e^{\int P(x)dx}Q(x) \tag{8.3}$$

左辺は式(8.4)となる。

$$\frac{d}{dx}(e^{\int P(x)dx}y) \tag{8.4}$$

これは，微分の基本公式 $\{f(x)\,g(x)\}' = f(x)'g(x) + f(x)\,g(x)'$ (p.33 参照) により，成り立つことが説明できる。というよりも，この特性を利用して，積分因数の基本式(8.2)が定められている。この式(8.3)の両辺を積分して式(8.5)となり，ここで C は積分定数である (p.34 参照)。実際の物理現象を説明する場合は，この積分定数 C を，いかに決定するかが大事であるので，これを忘れてはならない。

$$e^{\int P(x)dx}y = \int e^{\int P(x)dx}Q(x)dx + C \tag{8.5}$$

ここで，解を式(8.6)と書くことができる。これが線形1階微分方程式の解析的に解ける基本解となる。

$$y = e^{-\int P(x)dx}\int Q(x)dx + Ce^{-\int P(x)dx} \tag{8.6}$$

（2） 直流 RC, RL 回路における過渡現象の解法

図 8.1 に示す，抵抗（$R\,[\Omega]$），コンデンサ（$C\,[\mathrm{F}]$），コイル（$L\,[\mathrm{H}]$）が，直流電源電圧（$E\,[\mathrm{V}]$）に直列に接続された電気回路における，電流（$i\,[\mathrm{A}]$）や，各素子に生じる電圧の挙動を考える。こうした電気回路は，これらの形を基本として，船橋や機関室の制御系において多く用いられている。また，同種の式で表現できる，機械系や船体運動系などのシミュレーションにも応用されている。

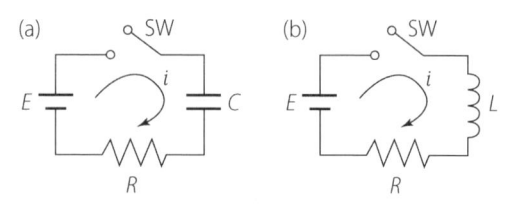

図8.1 コンデンサCと抵抗R，コイルLと抵抗Rの直流電気回路

まず，$t=0$ で，SW（Switch）がオンになったとする．ここで，図 8.1(a) の回路では，コンデンサ C に電荷（Q[q]）がチャージされ，式(8.7)で示される電流 i が流れる．

$$i = \frac{dQ}{dt} \tag{8.7}$$

そして，コンデンサ C では，電荷のチャージによる，式(8.8)で示される電圧降下 E_C を生じる．

$$E_C = \frac{Q}{C} \tag{8.8}$$

抵抗 R では，**オームの法則**（p.59 参照）により，かかる電圧 E_R と電流 i の関係は式(8.9)となる．

$$E_R = Ri \tag{8.9}$$

また，図 8.1(b) の回路では，コイル L が最初は電流の流入を妨げるために，式(8.10)で示される電圧降下 E_L を生じる．

$$E_L = L\frac{di}{dt} \tag{8.10}$$

キルヒホッフの電圧の法則「閉回路内の全電圧降下数の代数的な和は 0」により，図 8.1(a) においては，閉回路内の電圧の関係は式(8.11)となる．

$$E = E_L + E_R \tag{8.11}$$

式(8.9)，(8.10)を代入すると式(8.12)，係数を置き換えて式(8.13)となる．

$$Ri + L\frac{di}{dt} = E \tag{8.12}$$

$$\frac{di}{dt} + \frac{R}{L}i = \frac{E}{L} \tag{8.13}$$

これは式(8.1)と同型の線形 1 階微分方程式であることがわかる．ここで，積分因数は式(8.14)となる．

$$e^{\int \frac{R}{L}dt} = e^{\frac{R}{L}t} \tag{8.14}$$

これを式(8.13)の各項に掛けて（式(8.15)），左辺の2項を1項にまとめる（式(8.16)）。

$$e^{\frac{R}{L}t}\frac{di}{dt} + \frac{R}{L}e^{\frac{R}{L}t}i = \frac{E}{L}e^{\frac{R}{L}t} \tag{8.15}$$

$$\frac{d}{dt}(e^{\frac{R}{L}t}i) = \frac{E}{L}e^{\frac{R}{L}t} \tag{8.16}$$

ここで，電源電圧 E は直流なので定数とみなせるので，両辺を積分すると，積分定数を A として，式(8.17)となる。

$$e^{\frac{R}{L}t}i = \frac{E}{L}\int e^{\frac{R}{L}t}dt + A \tag{8.17}$$

また，$e^{\frac{R}{L}t}$ の積分であるが，指数関数の微分公式 $\{e^{f(x)}\}' = \{f(x)'\}e^{f(x)}$ (p.155参照) より，直感的に $\frac{L}{R}e^{\frac{R}{L}t}$ と推測できるが，置換積分法（参考文献[6]などの基礎数学の教科書を参照のこと）により解析的に求めることもできる。これより，式(8.18)となる。

$$e^{\frac{R}{L}t}i = \frac{E}{L}\frac{L}{R}e^{\frac{R}{L}t} + A$$

$$i = \frac{E}{R} + Ae^{-\frac{R}{L}t} \tag{8.18}$$

ここで，元は積分定数である未知数 A を決定する必要がある。ここで，$t=0$ のときは電流がまだ回路には流れないので，$i=0$ となる。これを**初期条件**と呼び，式(8.18)に代入を行うと式(8.19)となり，未知数 A を決定できる。

$$0 = \frac{E}{R} + Ae^{-\frac{R}{L}\times 0}$$

$$A = -\frac{E}{R} \tag{8.19}$$

式(8.19)を式(8.18)に代入することにより，式(8.20)の一般解を導くことができた。

$$i = \frac{E}{R} + \left(-\frac{E}{R}\right)e^{-\frac{R}{L}t}$$

$$= \frac{E}{R}(1 - e^{-\frac{R}{L}t}) \tag{8.20}$$

図 8.1(b)についても同様に考えると，キルヒホッフの電圧の法則から，式(8.8)，(8.9)より，式(8.21)となる。

$$E = E_C + E_R \tag{8.21}$$

ここで，式(8.7)はQとiの関係を示すものであるので，これと式(8.8)より，式(8.21)はQに対する方程式(8.22)とiに対する方程式(8.23)で表現できる。

$$R\frac{dQ}{dt} + \frac{Q}{C} = E \rightarrow \frac{dQ}{dt} + \frac{Q}{CR} = \frac{E}{R} \tag{8.22}$$

$$Ri + \frac{1}{C}\int i\,dt = E \rightarrow \int i\,dt + CRi = CE \tag{8.23}$$

ここで，式(8.22)と同様に i に対する方程式である式(8.13)とよく比較してほしい。i に対して微分系と積分系が対称的に入っていることがわかる。ここで，この式をiについて解くには，まず式(8.14)をQに対して式(8.13)～(8.20)と同様の手順で解いていく。そして，この Q の一般解の式を微分することにより，i を求めるのが得策である。まず，Q を求めるのは，前述の手法の復習で，自分でトライしてほしい。結果を示すと，式(8.24)となる（初期条件は$t = 0$で初期電荷$Q = 0$である）。

$$Q = CE(1 - e^{-\frac{t}{CR}}) \tag{8.24}$$

この微分は容易であり，図 8.1(b)の CR 回路における電流挙動は式(8.25)に導ける。

$$i = \frac{dQ}{dt} = \frac{E}{R}e^{-\frac{t}{CR}} \tag{8.25}$$

電流が求まったので，C と R に生じる電圧の挙動について考える。まず，R に生じる電圧降下は式(8.9)に示すオームの法則により，式(8.26)となる。

$$E_R = Ri = R \times \frac{E}{R}e^{-\frac{t}{CR}} = Ee^{-\frac{t}{CR}} \tag{8.26}$$

そして，C に生じる電圧は式(8.21)より，式(8.27)で示される。

$$E_C = E - E_R = E(1 - e^{-\frac{t}{CR}}) \tag{8.27}$$

同様の手順で図 8.1(a) の LR 回路における各素子に生じる電圧は，式(8.28)，(8.29)で示される。

$$E_L = \frac{E}{R}e^{-\frac{R}{L}t} \tag{8.28}$$

$$E_R = \frac{E}{R}(1 - e^{-\frac{R}{L}t}) \tag{8.29}$$

ここで，式(8.25)で示した CR 回路における電流変化のグラフ化を行う。まず，図 8.2(a) に示すように，縦軸に電流，横軸に時間をとり，その交点である原点を O と置く。まず $t = 0$ のときは，式(8.30)に示すように，$i \approx 0$ になることがわかる。

$$t = 0, \quad i = \frac{E}{R}e^0 = \frac{E}{R} \tag{8.30}$$

次に，電流のとりうる最大値を考えると，$t = \infty$ では，式(8.31)に示すように，$i = E/R$ となることがわかる。

$$t = \infty, \quad i = \frac{E}{R}e^{-\infty} \approx 0 \tag{8.31}$$

式(8.30)はオームの法則と一致するものであり，ここではコンデンサの影響が皆無になっていることが推測できる。そこで，縦軸では電流でとりうる最大値を点線で示し，後でプロットが行いやすいよう，5 分割目盛りを記入した。

次に横軸であるが，ここで $t = CR$，$2CR$，…，$5CR$ と変化した場合を考える。この場合の指数関数項の値は以下の式(8.32)のようになる。

$$\begin{aligned} &t = CR \text{ では } e^{-1} = 0.367 \cdots, \quad t = 2CR \text{ では } e^{-2} = 0.135 \cdots, \\ &t = 3CR \text{ では } e^{-3} = 0.049 \cdots, \quad t = 4CR \text{ では } e^{-4} = 0.018 \cdots, \\ &t = 5CR \text{ では } e^{-5} = 0.0067 \cdots \end{aligned} \tag{8.32}$$

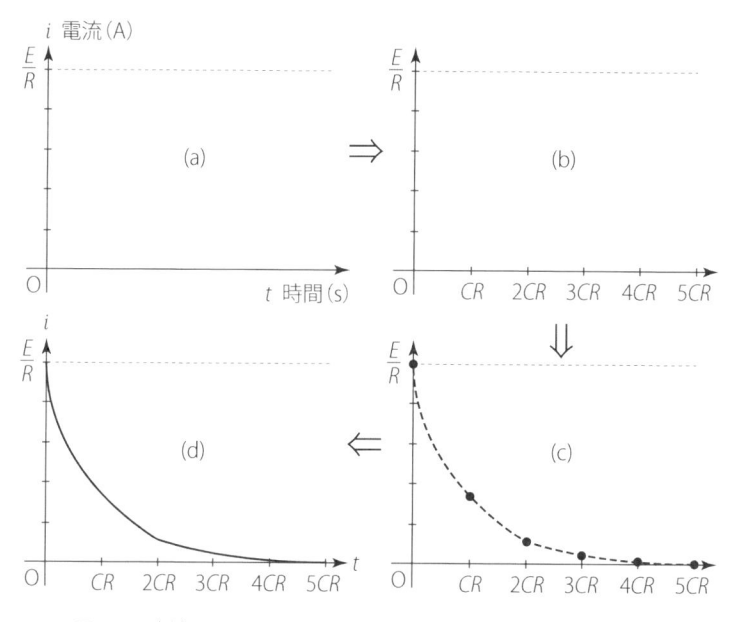

図 8.2 直流 CR 回路の電流挙動（式 (8.27)）のグラフ作成手順

　e^{-1} では全体量に対して約 37% の変化，e^{-5} では約 0.7% となり，ほぼ 0 とみなせる。そこで，図 8.2(b) に示すように，グラフの横軸を CR〜$5CR$ に目盛りどりする。そして，式 (8.27) に式 (8.32) の結果を入れて，図 8.2(c) に示すプロットを行う。そして，これらを滑らかな曲線で結べば，図 8.2(d) の完成形となる。

　LR 回路の電流変化の式 (8.20) についても同様の手順でグラフが書ける。結果のグラフを図 8.3 に示す。

　ここで，e^{-1} となる t の値（式 (8.20) では R/L，式 (8.27) では CR）を「**時定数（Time Constant）**」といい，指数関数で表現される，増加や減衰の速度の目安となるものであり，多くの分野で活用されている。たとえば，舵効きが良い船に対して「この船の

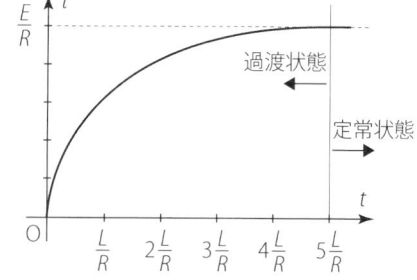

図 8.3　直流 LR 回路の電流挙動（式 (8.20)）のグラフ作成

舵は時定数が小さいな」といった表現をすることもある。時定数が5倍の時間には e^{-5} の変化がなされ、これ以降を「**定常状態**」、ここまでを「**過渡状態**」と呼んでいる。これを図8.3中に示した。なお、時定数には τ（p.37 参照）がよく使われる。

そして、式(8.26)〜(8.29)より、各素子に生じる電圧のグラフも同様の手順で書くことができる。たとえば、式(8.26)より、電圧の最大値は E であることが式(8.31)よりわかる。結果として、電圧変化は図8.4になる。ここに、LR, CR回路の各式、電流変化、各素子の電圧変化をまとめて示す。ここで、CR回路のC素子のように、時間と共に電圧が増大していくものを**積分特性**、LR回路のL素子のように、時間と共に電圧が減衰していくものを**微分特性**という。

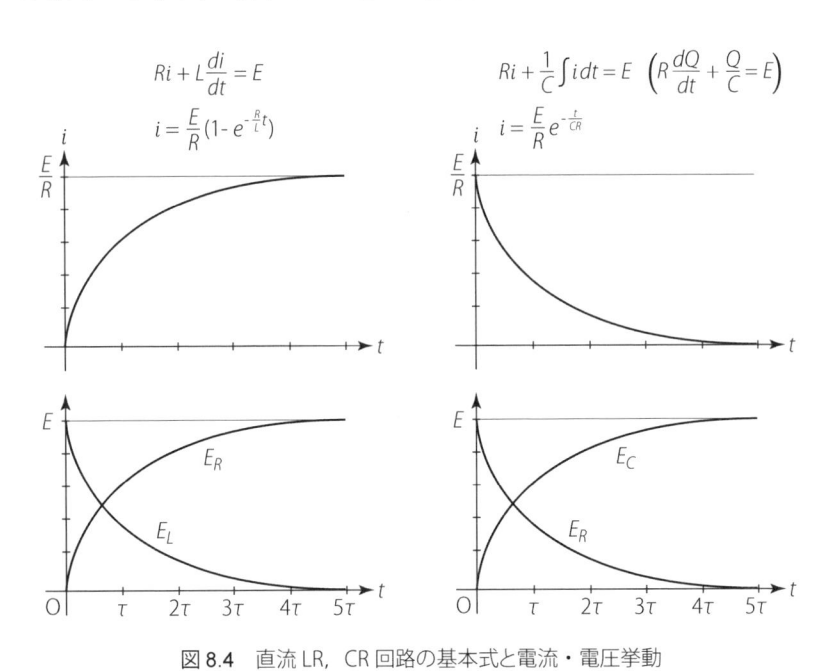

$$Ri + L\frac{di}{dt} = E \qquad\qquad Ri + \frac{1}{C}\int i\, dt = E \quad \left(R\frac{dQ}{dt} + \frac{Q}{C} = E\right)$$

$$i = \frac{E}{R}(1 - e^{-\frac{R}{L}t}) \qquad\qquad i = \frac{E}{R} e^{-\frac{t}{CR}}$$

図8.4 直流 LR, CR 回路の基本式と電流・電圧挙動

（3） 線形1階微分方程式の応用例1：船舶用レーダにおけるFTC

先に述べた微分や積分回路は多くの機器に利用されている。ここで、レーダ

148

(Radar) の FTC（雨雪反射抑制：Fast Time Constant）回路の応用例について解説する。レーダの電波は，雨や雪があるとそこで散乱され，これが強いとレーダスクリーン上で薄く広がったエコーとして写り，このなかに存在する船舶のエコーなどが非常に識別しにくい状況になる。図 8.5 は，この信号強度の状況を 1 次元上に横軸を時間として表現したものであるが，(b)では雨雪によるエコーにより，船舶エコーが

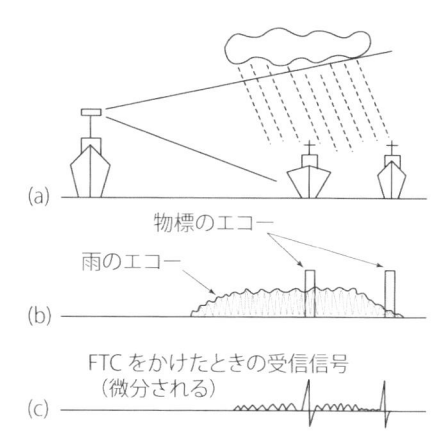

図 8.5　レーダにおける FTC 回路の作動原理

識別しにくい状況になっていることがわかる。そこで，これらのエコー信号を微分回路にかけるのが FTC の機能で，その結果を(c)に示す。これにより，元々は時間幅が短い雨雪のエコーは非常に弱い信号となり，PPI（Plan Position Indicator，レーダーの表示画面）上での識別が困難になる。これに対して，船舶エコーは時間幅が長いために，微分回路を通しても PPI 上での識別が可能となる。

2級海技士(航海)の筆記試験における出題例

[問]　レーダーの FTC（Fast Time Constant）の機能について述べよ。

[解答例]　雨や雲などの反射のように，PPI 上に一様に白くボーッと映る映像信号を，時定数の小さい微分回路（Fast Time Constant）で処理して消す。この微分回路は信号強度の変化率が大きいところだけ強調するので，雨や雲（変化率が小さい）の中に埋もれた物標（変化率が大きい）を探知できる機能を持つ。

『海技士 2N 徹底攻略問題集』（参考文献[8]）より

(4) 線形1階微分方程式の応用例2：船舶の保針・操縦性の評価への応用

7.3節に示す操縦性指数の導出による操縦性能評価は，これまで示した線形1階微分方程式によるものである。

式(7.29)と式(8.12)は同形式の微分方程式であり，その解である式(7.30)と式(8.20)も同形式となっている。このため図7.16は図8.4で示した積分特性となっている。

8.2　線形2階微分方程式による減衰・振動系現象の理解

線形1階微分方程式では主に減衰現象を表現できたが，周期的な振動を表すためには**線形2階微分方程式**が必要となってくる。ここでは線形1階微分方程式のように解析的な一般解を求めることは難しく，いくつかの仮定条件をつけて一般解を求めることになる。そして，この過程で指数関数，三角関数，複素数の知識が必要になってくる。

(1)　力学的振動系の基本式の解法

まず，減衰や振動の物理現象のイメージが浮かびやすい，図8.6に示す力学的振動系で考える。これは抵抗が無視できる床に，ある質量 M[kg]の物体があり，それがバネとダンパで壁に結合されているものである。また空気抵抗も無視できるものとする。ここで物体に，図に示す力 $f(t)$[N]がかかり，⇒の方向に変位 x[m]動いたとする。ここで，バネは物体を⇒と逆方向に動かす作用をし，この力はバネ係数 k[N/m]×変位 x[m]となる。そして，ダンパはこのなかに粘度の高い油があるとイメージする。このため，これはバネと反する作用となり，この力はダンパの抵抗係数 h[N/(m/s)]×物体の変位速度[m/s]となる。つまり，バネが強くダンパが弱ければ物体の挙動は振動となり，ダンパが強くなれば減衰となることが想像できる。力の単位については p.55 を参照のこと。

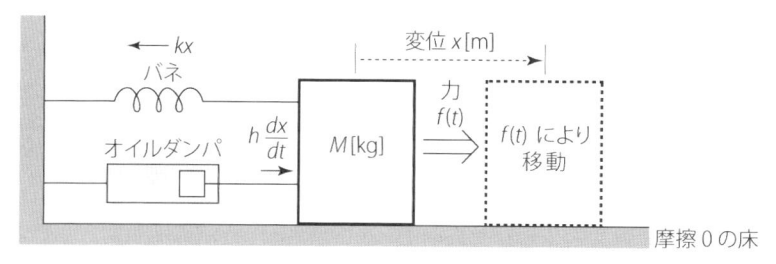

図 8.6 質量，バネ，ダンパ，外力による力学的運動系モデル

　そこで，この系の運動方程式を考えると，式(8.33)で表せる．右辺がかかる外力，左辺の 1 項目が「質量 × かかる加速度」，2 項目が「ダンパの効果」，3 項目が「バネの効果」を示したもので，それぞれの単位が N（kg·m/s²）となる（右辺と左辺で単位が統一されていなければ，方程式は成立しない）．

$$M\frac{d^2x}{dt^2} + h\frac{dx}{dt} + kx = f(t) \tag{8.33}$$

（2） 斉次方程式の解法

　図 8.6 の系において，物体を少し右に引っ張り，そっと離した場合は，式(8.33)において右辺の外力が 0 の場合に相当し，式(8.34)となる．このように，x が入る項以外の定数が 0 の方程式を斉次方程式または同次方程式という．まず，この**一般解**を求める．

$$M\frac{d^2x}{dt^2} + h\frac{dx}{dt} + kx = 0 \tag{8.34}$$

この式を解くために

$$x = e^{mt} \tag{8.35}$$

と置く．これは，この指数関数が減衰や振動を表現できるからであり，e^{mt} の微分を含めて p.155～156 で説明する．これを式(8.34)に代入すると，以下の式(8.36)に展開できる．

$$\frac{dx}{dt} = me^{mt}, \quad \frac{d^2x}{dt^2} = m^2 e^{mt} \text{ なので}$$

$$M(m^2 e^{mt}) + h(me^{mt}) + k(e^{mt}) = 0$$

$$e^{mt}(Mm^2 + hm + k) = 0$$

$$e^{mt} \neq 0 \text{ なので } Mm^2 + hm + k = 0 \tag{8.36}$$

これを，解を求めるための補助方程式，または系の特性を決定する特性方程式と呼び，2次方程式の解の公式 (p.29 参照) より，式(8.37)に示す2つの解 m_1, m_2 が求まる。ここで，解のルート内が，①正の数ならば2つの実数解，②0ならば1つの実数解，③負の数ならば2つの複素数解，の3パターンが考えられ，それぞれが違った物理現象を表現することになる。

$$m = \frac{-h \pm \sqrt{h^2 - 4Mk}}{2M} \tag{8.37}$$

① $h^2 - 4Mk > 0$ のとき，2つの実数解 m_1, m_2
② $h^2 - 4Mk = 0$ のとき，1つの実数解
③ $h^2 - 4Mk < 0$ のとき，2つの複素数解 m_1, m_2

以下，3パターンに分けて，この式を解き，表現される現象を考察する。

◆ 2つの実数解の場合

式(8.34)において，$M = 1$, $h = 3$, $k = 2$ とした，バネの力が弱いときを考える（これらの係数の数値については，式の展開，結果のグラフの図示，これらによる物理現象の説明を非常に明確に行いやすい，『複素数のはなし』（参考文献[5]）で使われているものを用いている）。この場合は，バネが振動を起こそうとするものの，ダンパが効き，ゆっくりと停止していくのが推測できる。これらの定数を式(8.34)に代入すると，式(8.38)となる。

$$\frac{d^2x}{dt^2} + 3\frac{dx}{dt} + 2x = 0 \tag{8.38}$$

そして，この補助方程式は式(8.36)より式(8.39)に展開され，2つの実数解

が決定できる。

$$m^2 + 3m + 2 = 0$$
$$(m+2)(m+1) = 0$$
$$m_1 = -2, \quad m_2 = -1 \tag{8.39}$$

この微分方程式の一般解としては，この2つの実数解により，新たな2つの任意定数 A, B を用いて式(8.40)で示される。

$$x = Ae^{-2t} + Be^{-t} \tag{8.40}$$

ここで，初期条件により，物体の変位 x の時間変化をグラフに書ける特殊解を求める。この初期条件は，変位 1m まで引っ張ってから，ゆっくりと離すというものなので，次の式(8.41)となる。

$$t = 0 \text{ で} \begin{cases} x = 1 \\ \dfrac{dx}{dt} = 0 \end{cases} \tag{8.41}$$

これより，式(8.42)で A, B が決定できる。

$$1 = Ae^0 + Be^0 \quad \rightarrow \quad 1 = A + B$$
$$\frac{dx}{dt} = -2Ae^{-2t} - Be^{-t} \quad \rightarrow \quad 0 = -2A - B$$
$$\therefore \quad A = -1, \quad B = 2 \tag{8.42}$$

そして，式(8.43)の解が決定できる。

$$x = -e^{-2t} + 2e^{-t} \tag{8.43}$$

この式のそれぞれの項に対するグラフは，前項の線形1階微分方程式の解のグラフの手順で，時定数の概念などを用いれば容易に書くことができる。このグラフ作成を図8.7に示す。まずは，補助グラフとして $x = 2e^{-t}$ と $x = -e^{-2t}$ を書き，その変化特性を確認してから，2つの和のグラフを書いていくことが得策であり，その系の物理現象をよく理解できる。

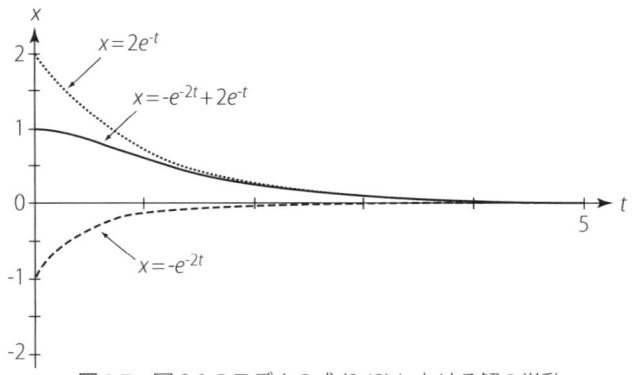

図8.7 図8.6のモデルの式(8.43)における解の挙動

◆ 2つの複素数解の場合

バネの力を強くして、$M=1, h=2, k=5$ とすると、基本微分方程式は式(8.44)となる。

$$\frac{d^2x}{dt^2} + 2\frac{dx}{dt} + 5x = 0 \tag{8.44}$$

ここで、補助方程式(8.36)より、式(8.45)が展開でき、複素数（p.21 参照）による解が出てきた。

$$m^2 + 2m + 5 = 0$$
$$m = -1 \pm 2i \tag{8.45}$$

式(8.44)の一般解は、式(8.40)と同様に任意の定数 A, B を用いて、指数関数の指数部分を整理することにより、式(8.46)となる。

$$\begin{aligned} x &= Ae^{(-1+2i)t} + Be^{(-1-2i)t} \\ &= e^{-t}(Ae^{2it} + Be^{-2it}) \end{aligned} \tag{8.46}$$

ここで、工学分野の微分方程式の解法における神器とも言える、**オイラーの公式**を用いて式の変形を行う。このオイラーの公式より、指数関数と三角関数を、複素数を用いて結びつけることができ、三角関数による周期的な振動の表

現が可能となる。

$$\text{オイラーの公式} \quad e^{\pm i\theta} = \cos\theta \pm i\sin\theta \tag{8.47}$$

さて，ここから微分方程式を解いていくためには，三角関数，指数関数，対数関数の微分が必要となるが，この公式を表 8.1 に示す。

表 8.1 三角関数，指数関数，対数関数の微分公式

$f(x)$	$f'(x)$
$\sin(x)$	$\cos(x)$
$\cos(x)$	$-\sin(x)$
$\tan(x)$	$\sec^2(x)$
e^x	e^x
$\log(x)$	$1/x$

$g(x)$	$g'(x)$
$\sin\{f(x)\}$	$f'(x)\cos\{f(x)\}$
$\cos\{f(x)\}$	$f'(x)\cdot-\sin\{f(x)\}$
$e^{f(x)}$	$f'(x)\,e^{f(x)}$

ここで注目してほしいのが，指数関数は微分することによって $e^{f(x)}$ の原形が変化しないことである。つまり，この $e^{f(x)}$ 部分は，下例に示すように，何度，微分あるいは積分しても原形をとどめることになる。これが微分方程式を解く際の非常に大きな武器となっている。

$$g(x) = \underline{e^{mx}} \quad （m は任意の複素数とする）$$
$$g'(x) = (mx)'\,e^{mx} = m\underline{e^{mx}}$$
$$g''(x) = \{me^{mx}\}' = m \times (mx)' \times e^{mx} = m^2\,\underline{e^{mx}}$$
$$g'''(x) = \{m^2 e^{mx}\}' = m^2 \times (mx)' \times e^{mx} = m^3\,\underline{e^{mx}}$$
$$\vdots$$

船の動揺などの振動現象を表現するためには，cos, sin の三角関数の使用がわかりやすいが，表 8.1 に示すように，微分を行うと記号が変わり，計算が面倒になるという欠点がある。そこで，指数関数と三角関数を複素数を用いて結びつけるオイラーの公式が使われる。これは，工学分野の微分方程式の解法における神器とも言われているものである。

オイラーは 1707 年にスイスに生まれた数学者で，ロシアのペテルブルグ・アカデミー，ドイツのベルリン・アカデミーで教授を務めて，オイラーの公式をはじめとして数学分野に大きな功績を残し，1783 年に没している。オイラーは，i, π, e の記号の発案も行っているが，$e = 2.71828\cdots$ は対数の発明者ネイピア（1550〜1617）にちなみ，ネイピア数と呼ばれている。

このオイラーの公式の右辺は複素数の形になっているが、これはp.21〜22で述べた複素平面で表現することができる。図8.8の式に示すように、オイラーの公式は複素平面上におけるベクトルを示していることになる。これが、船の動揺、機械振動、電波や音波の伝搬現象における、波の強さ、方向、位相差を知る上で便利なツールとなっている。

さて、式(8.46)に式(8.47)を代入して展開すると、式(8.48)となる。

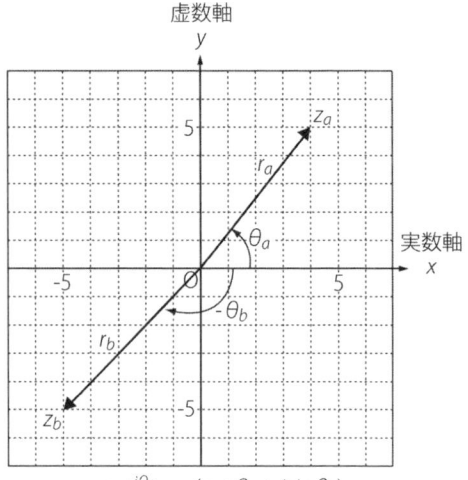

$z_a = r_a e^{i\theta_a} = r_a(\cos\theta_a + i\sin\theta_a)$
$r_a = \sqrt{4^2 + 5^2} \approx 6.4$

$z_b = r_b e^{-i\theta_b} = r_b(\cos\theta_b - i\sin\theta_b)$
$r_b = \sqrt{(-5)^2 + (-5)^2} \approx 7.07$

図8.8 複素平面上でのオイラーの公式の表現

$$x = e^{-t}\{A(\cos 2t + i\sin 2t) + B(\cos 2t - i\sin 2t)\}$$
$$= e^{-t}\{(A+B)\cos 2t + i(A-B)\sin 2t\} \tag{8.48}$$

ここで、$C = A + B$, $D = i(A - B)$ と新しい定数で置くと、式(8.49)となる。

$$x = e^{-t}(C\cos 2t + D\sin 2t) \tag{8.49}$$

そして、式(8.41)の初期条件より、まず $t = 0$ で $x = 1$ より、式(8.50)が求まる。

$$1 = e^0(C\cos 0 + D\sin 0)$$
$$C = 1 \tag{8.50}$$

また、式(8.49)を微分して、$t = 0$ で $dx/dt = 0$ の初期条件と、式(8.50)で求めた $C = 1$ より、D が式(8.51)で決定できる。

$$\frac{dx}{dt} = e^{-t}(-2C\sin 2t + 2D\cos 2t) - e^{-t}(C\cos 2t + D\sin 2t)$$
$$0 = 2D - C$$

$$D = \frac{1}{2} \tag{8.51}$$

これらにより，式(8.49)の特殊解の式(8.52)が決定できた．

$$x = e^{-t}\left(\cos 2t + \frac{1}{2}\sin 2t\right) \tag{8.52}$$

より簡単にグラフを書くためには，cos と sin の項を 1 つにまとめられるのが望ましい．**三角関数の合成の公式**(8.53)を用いる（p.76 参照）．

$$\text{三角関数の合成の公式} \quad a\sin\theta + b\cos\theta = \sqrt{a^2+b^2}\cos\left(\theta - \tan^{-1}\frac{a}{b}\right) \tag{8.53}$$

これにより，式(8.52)は式(8.54)に書き換えられた．

$$x = e^{-t}\left\{\sqrt{1^2 + \left(\frac{1}{2}\right)^2}\cos\left(2t - \tan^{-1}\frac{1}{2}\right)\right\}$$

$$= 1.118 e^{-t} \cos(2t - 0.4636) \tag{8.54}$$

ただし，$\tan^{-1}(1/2)$はラジアン（p.40 参照）により計算する必要があるので，電卓計算は要注意である．

このグラフの書き方を検討しつつ，この式で表現される物理現象を考察していく．まず，このグラフが指数関数（$1.118 e^{-t}$）と三角関数（$\cos(2t - 0.4636)$）の積であることに着目する．図 8.9 には，それぞれの関数の時間変化の概略を

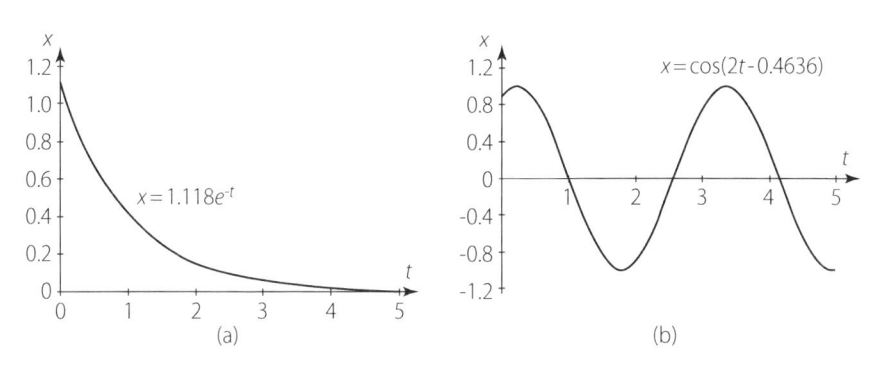

図 8.9　$x = 1.118 e^{-t}$，$x = \cos(2t - 0.4636)$ の時間変化

示す。指数関数部分が $t=5$ で $x \approx 0$ となるのは，線形 1 階微分方程式のグラフで説明したとおりである。三角関数のラジアン表示によるグラフ作成は，CHAPTER 3 および CHAPTER 5 を参照してほしい。

これより，バネで起ころうとする振動（$x = \cos(2t - 0.4636)$）が，ダンパの作用（$x = 1.118e^{-t}$）で減衰させられていくのが推測できる。したがって，全体を表したグラフを作成するためには，まず図 8.9(b) に示す三角関数部分の正負のピークと 0 の値における t の値を押さえる。そして，この正負のピークには，その t に応じた指数関数による減衰率を掛け，このポイントをプロットする。このように減衰率を掛けた正負のピーク値を振動曲線で結ぶことによって，図 8.10 に示したグラフを作成することができる。これが，力学系の減衰振動と呼ばれる現象である。

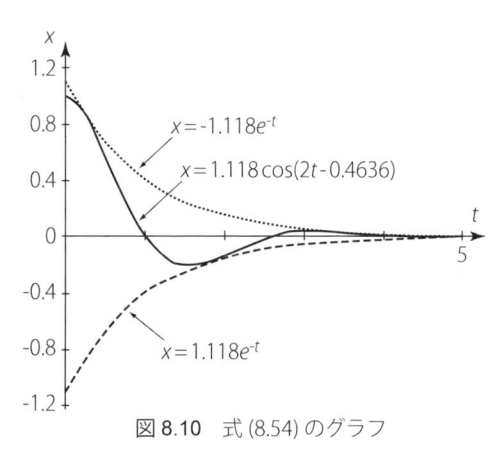

図 8.10 式(8.54)のグラフ

◆ 1 つの重解の場合

式(8.36)の特性方程式において，解が 2 つの実数解の場合は単純な減衰を，2 つの複素数解の場合には減衰振動を表現することを示した。次に，$M = 1$, $h = 4$, $k = 4$ の場合を考えると，この方程式は式(8.55)となる。

$$\frac{d^2x}{dt^2} + 4\frac{dx}{dt} + 4x = 0 \tag{8.55}$$

ここで，式(8.37)の特性方程式を展開していくと，式(8.56)に示す 1 つの重解が求まる。

$$m^2 + 4m + 4 = 0$$
$$m = -2 \tag{8.56}$$

式(8.40)の形式の一般解で表現すると解を求めることができず，式(8.57)に示す形式の一般解で表現する必要がある。

$$x = Ae^{-2t} + Bte^{-2t} \tag{8.57}$$

そして，2つの実数解の場合と同様の手順でグラフの作成が行えるが，得られる現象は図8.7で求めた結果と同じ形式となる。

(3) 非斉次方程式の解法

式(8.33)において，外力がかかった場合，たとえば床の摩擦や，一定風による空気抵抗を考えた場合は，「外力 $f(t)$ = 定数」と考えることができる。このときは，式(8.33)で $f(t) = A$ とすると，式(8.58)となる。

$$M\frac{d^2x}{dt^2} + h\frac{dx}{dt} + kx = A \tag{8.58}$$

このような形の方程式は非斉次方程式と呼ばれる。この形の方程式を解く手順は以下のとおりである。

① $A = 0$ としたときの斉次方程式の一般解を求める。

② $x = A$ と置いたときの，式(8.58)における特殊解を求める。

③ ①と②の結果の式の代数和を求め，ここに初期条件を適用して，全体解を求める。

例題として，式(8.58)の形式の非斉次方程式を解いてグラフを作成した例を以下に示す。

例題 $\dfrac{d^2x}{dt^2} + \dfrac{dx}{dt} + 5x = 5$ を初期条件 $t = 0$ で $x = 2$，$\dfrac{dx}{dt} = 0$ で解いて，$x = 0 \sim 10$ における x の変化のグラフを作成せよ。

解 ① 斉次方程式の一般解を求める。

$x = e^{mt}$ とすると

$m^2 + m + 5 = 0$

$$m = -\frac{1}{2} \pm \frac{\sqrt{19}}{2}i$$

∴ A, B を定数として

$$x = Ae^{\left(-\frac{1}{2}+\frac{\sqrt{19}}{2}i\right)t} + Be^{\left(-\frac{1}{2}-\frac{\sqrt{19}}{2}i\right)t} = e^{-\frac{t}{2}}\left(Ae^{\frac{\sqrt{19}}{2}it} + Be^{\frac{\sqrt{19}}{2}it}\right)$$

オイラーの公式 $e^{\pm i\theta} = \cos\theta \pm i\sin\theta$ を用いて

$$x = e^{-\frac{t}{2}}\left\{A\left(\cos\frac{\sqrt{19}}{2}t + i\sin\frac{\sqrt{19}}{2}t\right) + B\left(\cos\frac{\sqrt{19}}{2}t - i\sin\frac{\sqrt{19}}{2}t\right)\right\}$$

$$= e^{-\frac{t}{2}}\left\{(A+B)\cos\frac{\sqrt{19}}{2}t + i(A-B)\sin\frac{\sqrt{19}}{2}t\right\}$$

$C = A + B$, $D = i(A - B)$ と置くと

$$e^{-\frac{t}{2}}\left(C\cos\frac{\sqrt{19}}{2}t + D\sin\frac{\sqrt{19}}{2}t\right)$$

② 非斉次方程式の特殊解を求める。

$x = \alpha$ (定数) とする。

$$\frac{d^2\alpha}{dt^2} + \frac{d\alpha}{dt} + 5\alpha = 5$$

$\alpha = 1$

∴ $x = 1$

③ ①+②で全体の解を求める。

$$x = e^{-\frac{t}{2}}\left(C\cos\frac{\sqrt{19}}{2}t + D\sin\frac{\sqrt{19}}{2}t\right) + 1$$

初期条件(i) $t = 0$ で $x = 2$ より

$$x = e^0(C\cos 0 + D\sin 0) + 1$$

$2 = C + 1$

$C = 1$

加えて，初期条件(ii)　$t = 0$ で $\dfrac{dx}{dt} = 0$ より

$$\dfrac{dx}{dt} = e^{-\frac{t}{2}}\left(-C\dfrac{\sqrt{19}}{2}\sin\dfrac{\sqrt{19}}{2}t + D\dfrac{\sqrt{19}}{2}\cos\dfrac{\sqrt{19}}{2}t\right)$$

$$-\dfrac{1}{2}e^{-\frac{t}{2}}\left(C\cos\dfrac{\sqrt{19}}{2} + D\sin\dfrac{\sqrt{19}}{2}t\right)$$

$$0 = \dfrac{\sqrt{19}}{2}D - \dfrac{1}{2}C$$

$$\dfrac{C}{2} = \dfrac{\sqrt{19}}{2}D$$

$$D = \dfrac{1}{\sqrt{19}}$$

$\therefore\ x = e^{-\frac{t}{2}}\left(\cos\dfrac{\sqrt{19}}{2}t + \dfrac{1}{\sqrt{19}}\sin\dfrac{\sqrt{19}}{2}t\right) + 1$

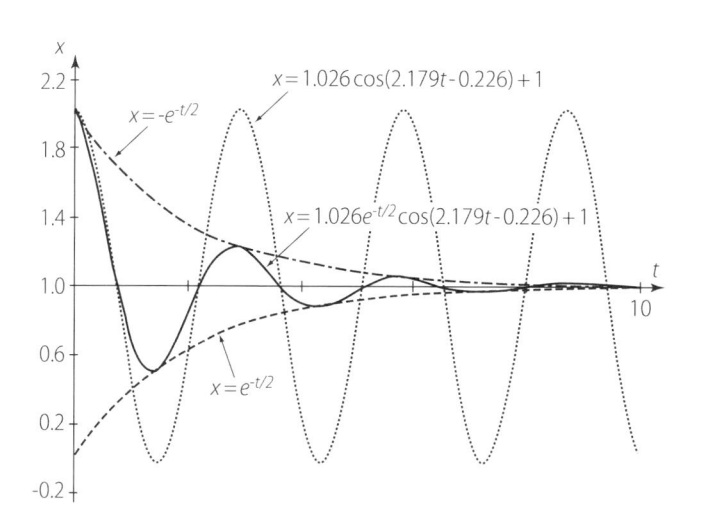

公式 $a\sin\theta + b\cos\theta = \sqrt{a^2+b^2}\cos\left(x-\tan^{-1}\dfrac{a}{b}\right)$ より

$$x = e^{-\frac{t}{2}}\{1.026\cos(2.179t - 0.226)\} + 1$$

(4) 線形2階微分方程式の応用例1:静水中の船舶動揺

船舶の動揺には図 8.11 に示す種類があるが，とくに船舶航行に大きな影響を与えるのは横揺れ（Rolling）であり，この現象は線形 2 階微分方程式で説明できる。

実際の船の横揺れは非常に複雑で，数学的に厳密に解くことは難しいので，以下の仮定を用いて運動方程式を立て，これを解くことにより，動揺特性が解析できる。

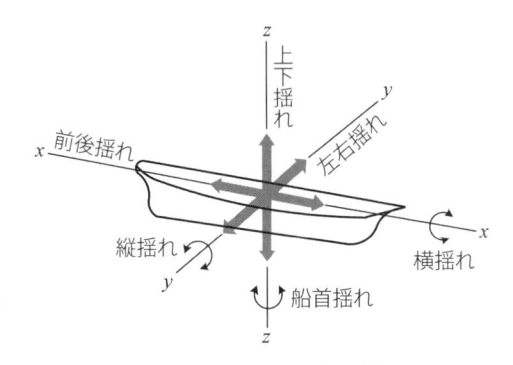

図 8.11 船体の動揺の種類

- 水および空気の抵抗，水の粘性を無視する。
- 横揺れの中心は船の重心と一致する。
- 横揺れ角度は 10° 程度以内とする。

慣性力と復原力の釣り合いから，式(8.59)の運動方程式が導ける。

$$\frac{d^2\theta}{dt^2} + \frac{g\cdot\text{GM}}{k^2}\cdot\theta = 0 \tag{8.59}$$

ここで，θ：横揺れ角（ラジアン），g：重力加速度 9.8（m/s²），GM：メタセンタ高さ，k：見かけ慣動半径（m）であり，式(8.34)と図 8.9 に示す現象と同型の，減衰していく単振動の方程式となる。したがって，この解は式(8.60)，(8.61)となる。

$$\frac{g \cdot \mathrm{GM}}{k^2} = \omega_r^2 \tag{8.60}$$

$$\theta = R\sin(\omega_r t + \varphi) \tag{8.61}$$

ここで，R：横揺れ振幅（ラジアン），ω_r：角周波数（ラジアン/s），φ：初期位相角である．

式(8.60)より，横揺れ固有周期 T_r[s] は式(8.62)となる．

$$T_r = \frac{2\pi}{\omega_r} = 2\pi\sqrt{\frac{k^2}{g \cdot \mathrm{GM}}} \tag{8.62}$$

$\pi = 3.14$，$g = 9.8$（m/s²）を代入すると，式(8.63)となる．

$$T_r = \frac{2.01k}{\sqrt{\mathrm{GM}}} \tag{8.63}$$

一般に k は船の幅 B [m] に比例すると考えられるので，$k = cB$ と置き，実際の動揺試験によって c を求めてみると，船の種類によってある範囲にあることが過去のデータから求められている．たとえば，客船：$c = 0.38 \sim 0.43$，貨物船（満載状態）：$c = 0.32 \sim 0.35$，タンカー（軽貨状態）：$c = 0.37 \sim 0.47$，漁船：$c = 0.38 \sim 0.44$，戦艦：$c = 0.34 \sim 0.38$，巡洋艦：$c = 0.39 \sim 0.42$ などである．これらの平均値を $c = 0.40$ とすれば，式(8.63)より，**横揺れ固有周期 T_r[s] の概算式である式(8.64)が導ける**．なお，これらの c の数値については，参考文献[9]から引用している．

$$T_r = \frac{2.01c \cdot B}{\sqrt{\mathrm{GM}}} \approx \frac{0.8}{\sqrt{\mathrm{GM}}}B \tag{8.64}$$

ここで，B：船幅（m），GM：メタセンタ高さ（m）である．これは，ほとんどの船舶において，横揺れ固有周期の概算においては，よく一致する．また，このような固有周期の変化をつかむことにより，GM の変化状況を把握することもできる．

船が一定風を受けていたり，波浪を受けている場合の横揺れ現象については，(3)に示した非斉次方程式により求めることが可能である．たとえば，cos や sin

の正弦波で近似できるような単純な波浪中の動揺については，式(8.58)の右辺を実際の波に適した三角関数とすることによって解くことが可能である。これらの具体的な手順については，参考文献[9]などを参照してほしい。

このような場合に，航走している船において，波との出会い周期と，その船の固有周期が一致すると，動揺角が大きく増幅される共振現象が発生して，非常に危険な状態となる。この共振現象については，次項でLCR回路を例にとり説明する。

3級海技士（航海）の口述試験における出題例

問　航海中の船の状態から復原力が適当であるかどうかを判断する方法を述べよ。

〔解答例〕横揺れ周期が長すぎるとき，片舷から風を受けたときの傾斜が甚だしいとき，舵をとったときの傾斜が甚だしいとき，タンクの水や船内重量物をわずか移動してもぐらつくときは復原力が低下している。すなわち，船の横揺れ周期や傾斜角から復原力が適当かどうか判断できる。

問　横揺れ周期と復原力とはどのような関係があるか。

〔解答例〕横揺れ周期を T（sec），船幅を B（m）そして横メタセンタ高さを GM とすれば

$$T = \frac{0.8B}{\sqrt{GM}}$$

この関係式より T が長ければ GM は小，すなわち復原力は小さい。T が短いと GM は大で復原力は大きい。

（航海科三級口述標準テスト【二訂版】（参考文献[2]）より）

---

(5) 線形2階微分方程式の応用例2：LRC共振回路

図 8.12 に示すような，交流電源 $V = E_0 \cos \omega t$ に R，L，C が直列接続された電気回路における電流挙動を考える。交流回路では，外から与える電圧が一定

でも，その入力周波数が変わると，回路を流れる電流や各素子にかかる電圧が変化していく．とくにコイルとコンデンサは，線形1階微分方程式の解法で導いたように，かかる電圧に対して相反する作用をするため，ある特定の周波

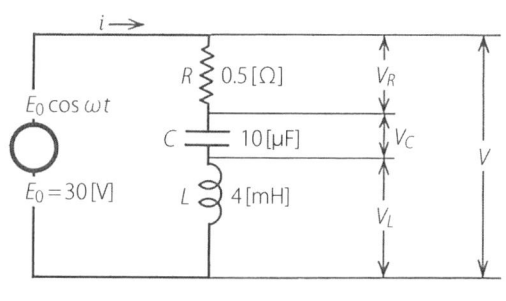

図 8.12 LRC 直列共振回路

数で電流が最大となる**共振現象**が起こる．この現象を，線形2階微分方程式を解くことで説明する．

式(8.7)〜(8.13)，(8.21)と同様に考えると，式(8.65)の回路方程式が導ける．

$$L\frac{di}{dt} + iR + \frac{1}{C}\int i\,dt = E_0 \cos\omega t \tag{8.65}$$

ここで，式(8.47)のオイラーの公式を利用して三角関数部分を指数関数に置き換え，かつ，この実数部分だけで考えると式(8.66)となる（これは，非斉次微分方程式を解く場合に，計算を容易にするための一般的な手法であり，詳しくは参考文献[5][13]などを参照してほしい）．

$$L\frac{di}{dt} + iR + \frac{1}{C}\int i\,dt = E_0 e^{j\omega t} \tag{8.66}$$

積分部分を含んでいるので，式全体をもう一度微分すると，式(8.67)に示す線形2階微分方程式となる．

$$L\frac{d^2 i}{dt^2} + R\frac{di}{dt} + \frac{i}{C} = j\omega E_0 e^{j\omega t} \tag{8.67}$$

この式を解くと，電流挙動は式(8.68)で示される．

$$i = \frac{E_0 \cos(\omega t - \theta)}{\sqrt{R^2 + \left(\omega L - \frac{1}{\omega C}\right)^2}} \tag{8.68}$$

165

ここで，交流回路の電気抵抗と入力電圧と発生電流の位相差 θ を表現する**インピーダンス** Z は式(8.69)となる。

$$Z = \sqrt{R^2 + \left(\omega L - \frac{1}{\omega C}\right)^2} \tag{8.69}$$

インピーダンスの絶対値は，式(8.70)が成り立つときに最小となり，このときの電流が最大値となる。

$$\omega L - \frac{1}{\omega C} = 0 \tag{8.70}$$

このときの入力電圧の角周波数は式(8.71)となる。

$$\omega = \frac{1}{\sqrt{LC}} \tag{8.71}$$

これが共振角周波数と呼ばれるもので，共振周波数は式(8.72)となる。

$$f = \frac{1}{2\pi\sqrt{LC}} \tag{8.72}$$

図 8.13 に，図 8.12 の回路において入力角周波数が変化した場合の，発生電流の変化を示す。共振角周波数 ω が 5000 ラジアン/s のときに電流がピークになっていることがわかる。

この現象を利用すると，コイルとコンデンサの組み合わせにより，ある周波数だけの電流出力を取り出し，他の周波数出力をほとんど取り出さない回路ができる。このような特定の周波数

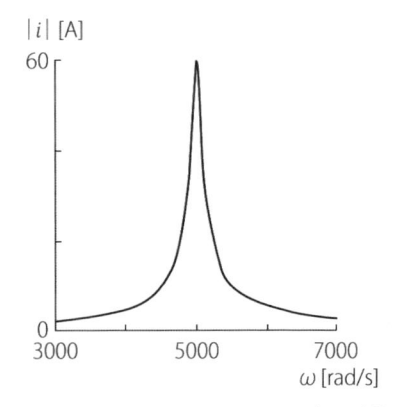

図 8.13 図 8.12 の回路における角周波数変化に対する電流変化

のみを取り出す回路を共振回路といい，コイルかコンデンサの容量を可変にしておけば，希望する周波数出力を取り出す回路ができる。テレビやラジオの選局は，この回路で行われている。図 8.12 の入力電圧が，受信アンテナから励

起される電圧となり，選局ダイヤルには可変コンデンサやコイルが使われている。

この共振現象は，波浪中の船舶においては，入力電圧が波浪，L と C の定数で決まる共振周波数が式(8.64)で導いた船幅と GM の長さによって決まる固有周波数（周期）に相当する。たとえば停船状態では，一般に船は横波を受けるが，この波の周波数と船の固有周波数が近くなると共振現象が起き，動揺が大きくなる。また，波に向かって航走する場合には，船の速度と波の速度・波長・周期によって決まる出会い周波数と，船の縦揺れ（ピッチング）や上下動（スラミング）の固有周波数が近くなったときに，これらの動揺が増幅されることになる。船舶にとって，これは非常に危険な状態であるため，波への進入角度か速力を調整することが必要となる。

2級海技士（航海）の筆記試験における出題例

問　荒天航行中のスラミング（slamming）現象の発生又は激しさは，次の(1)～(5)とそれぞれどのような関係があるか。

(1) 船の長さ　　(2) 船首船底の形状　　(3) 波と船との出会い周期
(4) 船速　　(5) 喫水

〔解答例〕
(1) 荒天航行している海面には卓越した波が存在する。この卓越する波の波長と船長とがほぼ等しい場合にスラミングが激しい。
(2) 船首船底が痩せている船の方が，スラミングの危険が少ない。
(3) 船体のピッチングの固有周期が波との出会い周期に近いほどピッチングが大きくなり，したがってスラミングの危険が大きく，また激しくなる。
(4) 一般に船速は波との出会い周期を変えるから船体動揺の固有周期に関係してスラミングが発生しやすくなる。また船速が大きいほど船体動揺が大きいといえるから，その意味では，船速が大きいほどスラミングは激しい。
(5) 喫水が小さいほど船底が露出しやすいのでスラミングが発生しやすい。

（『海技士2N徹底攻略問題集』（参考文献[8]）より）

問題の解答

CHAPTER 1

1-1 ① −11 ② −13 ③ −7 ④ −4 ⑤ 3 ⑥ 11

1-2 ① 9 ② −3 ③ 5 ④ −3 ⑤ −16 ⑥ −13

1-3 ① 63 ② 42 ③ −12 ④ −28

1-4 ① 2 ② 3 ③ −3 ④ −8

1-5 ① $12x$ ② x ③ $9x$ ④ $-x+10$ ⑤ $10x-13$ ⑥ $-x-4$ ⑦ $11x-4$ ⑧ $2x$
⑨ $-2x+9$ ⑩ $-11x-4$

1-6 ① $12x+20y$ ② $8x-32y$ ③ $-42x-18y$ ④ $-30a+12b$ ⑤ $14a-6b$ ⑥ $4a-b$
⑦ $4x-y$ ⑧ $-4x+5y$ ⑨ $-3a+2b$ ⑩ $-4a+2b$

1-7 ① -14 ② -24 ③ $\dfrac{3}{2}$ ④ $-\dfrac{10}{9}$ ⑤ $\dfrac{a^2}{c^2}$ ⑥ $1+\dfrac{1}{x-1}=\dfrac{x-1}{x-1}+\dfrac{1}{x-1}=\dfrac{x}{x-1}$

1-8 ① $\dfrac{\frac{5}{6}}{\frac{1}{2}+\frac{3}{4}}=\dfrac{\frac{5}{6}}{\frac{2+3}{4}}=\dfrac{\frac{5}{6}}{\frac{5}{4}}=\dfrac{5}{6}\div\dfrac{5}{4}=\dfrac{5}{6}\times\dfrac{4}{5}=\dfrac{4}{6}=\dfrac{2}{3}$

② $\dfrac{1}{\frac{1}{x}+\frac{1}{y}}=\dfrac{1}{\frac{1}{x}+\frac{1}{y}}\times\dfrac{xy}{xy}=\dfrac{xy}{\frac{1}{x}xy+\frac{1}{y}xy}=\dfrac{xy}{y+x}=\dfrac{xy}{x+y}$

③ $1-\dfrac{1}{1-\dfrac{1}{1-\frac{1}{x+1}}}=1-\dfrac{1}{1-\dfrac{1}{1-\frac{1}{x+1}}\times\frac{x+1}{x+1}}=1-\dfrac{1}{1-\frac{x+1}{x+1-1}}=1-\dfrac{1}{1-\frac{x+1}{x}}\times\dfrac{x}{x}$

$=1-\dfrac{x}{x-(x+1)}=1-\dfrac{x}{-1}=x+1$

1-9 ① 6.3 ② 8.28 ③ 0.12 ④ 0.105 ⑤ 0.112 ⑥ 4.3264

1-10 ① 1.5 ② 0.25 ③ 0.9 ④ 1.2 ⑤ 0.015 ⑥ 100

1-11 ① 2桁 ② 4桁 ③ 3桁 ④ 2桁 ⑤ 4桁 ⑥ 5桁

1-12 ① 27 ② 32 ③ −64 ④ −25 ⑤ 36 ⑥ −37 ⑦ −44 ⑧ −24

1-13 ① a^6 ② $x^{-4}=\dfrac{1}{x^4}$ ③ x^6 ④ a^9 ⑤ $-18x^4$ ⑥ $8xy^4$ ⑦ $-24a^7b^5$ ⑧ $-\dfrac{2x}{y}$
⑨ $2a$ ⑩ $-2x^4y$

1-14 ① $\sqrt{64} = \sqrt{8^2} = 8$ ② $\sqrt{144} = \sqrt{12^2} = 12$ ③ $\sqrt{12} = \sqrt{4 \times 3} = \sqrt{2^2 \times 3} = 2\sqrt{3}$

④ $\sqrt{72} = \sqrt{8 \times 9} = \sqrt{2^3 \times 3^2} = 2\sqrt{2} \times 3 = 6\sqrt{2}$ ⑤ $\sqrt{2} \times \sqrt{3} = \sqrt{6}$

⑥ $\sqrt{12} \div \sqrt{3} = \sqrt{4} = \sqrt{2^2} = 2$ ⑦ $2\sqrt{3} + 4\sqrt{3} = 6\sqrt{3}$

⑧ $6\sqrt{2} - \sqrt{32} = 6\sqrt{2} - \sqrt{16 \times 2} = 6\sqrt{2} - 4\sqrt{2} = 2\sqrt{2}$ ⑨ $\sqrt{3}(\sqrt{2} + \sqrt{5}) = \sqrt{6} + \sqrt{15}$

1-15 ① $9 - i$ ② $3 - 3i$ ③ $-48 + 38i$ ④ $15 - 2i - 8i^2 = 15 - 2i + 8 = 23 - 2i$

⑤ $1 - 2\sqrt{3}i + (\sqrt{3}i)^2 = 1 - 2\sqrt{3}i - 3 = -2 - 2\sqrt{3}i$ ⑥ $i - 1 + i^2 i = i - 1 - i = -1$

1-16 ① $\log_3 9 = \log_3 3^2 = 2$ ② $\log_4 256 = \log_4 4^4 = 4$

③ $\log_4 2 + \log_4 8 = \log_4 (2 \times 8) = \log_4 16 = \log_4 4^2 = 2$

④ $\log_2 20 - \log_2 10 = \log_2 \dfrac{20}{10} = \log_2 2 = 1$

⑤ $\log_5 26 + \log_5 \dfrac{1}{26} = \log_5 \left(26 \times \dfrac{1}{26}\right) = \log_5 1 = 0$

⑥ $\log_2 \sqrt[4]{8^5} = \dfrac{5}{4} \log_2 8 = \dfrac{5}{4} \log_2 2^3 = \dfrac{5}{4} \times 3 = \dfrac{15}{4}$

1-17 ① $x = -2$ ② $x = -4$ ③ $x = -\dfrac{4}{5}$ ④ $x = 3$

1-18 ① $A = ah = 1820 \times 910 = 1656200 \, [\text{mm}^2] = 16562 \, [\text{cm}^2] = 1.66 \, [\text{m}^2]$

② $A = \pi r^2 = \dfrac{\pi d^2}{4} = \dfrac{\pi \times 380^2}{4} = 113411.49 \, [\text{mm}^2] = 1134.11 \, [\text{cm}^2] = 0.11 \, [\text{m}^2]$

③ $A = 4\pi r^2 = 4 \times \pi \times (38 \div 2)^2 = 4536.46 \, [\text{m}^2]$

1-19 ① $AL = \pi r^2 L = \dfrac{\pi d^2}{4} L = \dfrac{\pi \times 50^2}{4} \times 100 = 196349.54 \, [\text{cm}^3] = 0.20 \, [\text{m}^3]$

② $\dfrac{1}{3} AL = \dfrac{1}{3} \pi r^2 L = \dfrac{1}{3} \times \dfrac{\pi d^2}{4} L = \dfrac{1}{3} \times \dfrac{\pi \times 30^2}{4} \times 80 = 18849.56 \, [\text{cm}^3] = 0.019 \, [\text{m}^3]$

③ $V = \dfrac{4\pi r^3}{3} = \dfrac{4 \times 3.14 \times (40 \div 2)^3}{3} = 33493.33 \, [\text{m}^3]$

1-20 ① $y' = 0$ ② $y' = 3x^{3-1} = 3x^2$ ③ $y' = (x^{-2})' = -2x^{-2-1} = -2x^{-3}$

1-21 ① $y' = 2 \times 2x^{2-1} = 4x$ ② $y' = (x^2 + 1)' = (x^2)' + 1' = 2x + 0 = 2x$

③ $y' = (x^2 - x^3)' = (x^2)' - (x^3)' = 2x - 3x^2$

④ $y' = \{(x^2 + 1)(x - 2)\}' = (x^2 + 1)'(x - 2) + (x^2 + 1)(x - 2)' = 2x(x - 2) + (x^2 + 1)1$

$= 2x^2 - 4x + (x^2 + 1) = 2x^2 + x^2 - 4x + 1 = 3x^2 - 4x + 1$

⑤ $y' = \left(\dfrac{x-2}{x^2+1}\right)' = \dfrac{(x-2)'(x^2+1)-(x-2)(x^2+1)'}{(x^2+1)^2} = \dfrac{1(x^2+1)-(x-2)2x}{(x^2+1)(x^2+1)}$

$= \dfrac{x^2+1-2x^2+4x}{x^4+2x^2+1} = \dfrac{-x^2+4x+1}{x^4+2x^2+1}$

1-22 ① $\displaystyle\int x^2 dx = \dfrac{1}{2+1}x^{2+1}+C$ ② $\displaystyle\int 3dx = 3x+C$ ③ $\displaystyle\int (x+1)dx = \dfrac{1}{2}x^2+x+C$

④ $\displaystyle\int (x^2+2x-3)dx = \dfrac{1}{3}x^3+2\cdot\dfrac{1}{2}x^2-3x+C = \dfrac{1}{3}x^3+x^2-3x+C$

1-23 ① $\displaystyle\int_1^2 9.8t\,dt = \left[9.8\times\dfrac{1}{2}t^2\right]_1^2 = \left[4.9t^2\right]_1^2 = 19.6-4.9 = 14.7$

② $\displaystyle\int_2^4 (5-x)dx = \left[5x-\dfrac{1}{2}x^2\right]_2^4 = \left[5x\right]_2^4 - \left[\dfrac{1}{2}x^2\right]_2^4 = (20-10)-(8-2) = 4$

③ $\displaystyle\int_3^6 3t^2\,dt = \left[3\times\dfrac{1}{3}t^3\right]_3^6 = \left[t^3\right]_3^6 = 216-27 = 189$ ④ $\displaystyle\int_0^4 (x^2-x)dx = \dfrac{1}{3}x^3-\dfrac{1}{2}x^2$

CHAPTER 2

2-1 ① 質量（kg）(m) ② 時間（s）(t) ③ 面積（m²）(A) ④ 体積（m³）(V)
⑤ 速さ（m/s）(v) ⑥ 加速度（m/s²）(a) ⑦ 密度（kg/m³）(ρ)

2-2 ① 体積$[V]$ = 面積×長さ = $[L^2]\times[L] = [L^3]$

② 速さ$[v] = \dfrac{\text{移動距離}[L]}{\text{時間}[T]} = [L/T]$

③ 加速度$[a] = \dfrac{\text{速さの変化}[L/T]}{\text{時間}[T]} = [L/T^2]$

④ 力$[F]$ = 質量$[M]$×加速度$[L/T^2] = [LM/T^2]$

2-3 ① $1852\,\text{m} = 1852\times\dfrac{1}{1000}\,\text{km} = \dfrac{1.852\times10^3}{10^{-3}}\,\text{km} = 1.852\,\text{km}$

② 全長　$3.65\,\text{m} = 3.65\times1000\,\text{mm} = 3.65\times10^3\,\text{mm}$

　　全幅　$1.53\,\text{m} = 1.53\times1000\,\text{mm} = 1.53\times10^3\,\text{mm}$

③ 長さ　$1580\,\text{mm} = 1580\times\dfrac{1}{1000}\,\text{m} = \dfrac{1.58\times10^3}{10^3}\,\text{m} = 1.58\,\text{m}$

$$\text{幅} \quad 950\,\text{mm} = 950 \times \frac{1}{1000}\,\text{m} = \frac{0.95 \times 10^3}{10^3}\,\text{m} = 0.95\,\text{m}$$

$$\text{高さ} \quad 720\,\text{mm} = 720 \times \frac{1}{1000}\,\text{m} = \frac{0.72 \times 10^3}{10^3}\,\text{m} = 0.72\,\text{m}$$

④ 直径 $d = 50\,\text{mm}$，外周を $l\,\text{mm}$，円周率 $\pi = 3.14$ とすれば

$$l = \pi d = 3.14 \times 50 = 157\,\text{mm} = 157 \times \frac{1}{10}\,\text{cm} = \frac{15.7 \times 10}{10}\,\text{cm} = 15.7\,\text{cm}$$

2-4 ① $5\,\text{cm}^2 = 5 \times 10\,\text{mm} \times 10\,\text{mm} = 5 \times 10^2\,\text{mm}^2$

② $3\,\text{mm}^2 = 3 \times \dfrac{1}{1000}\,\text{m} \times \dfrac{1}{1000}\,\text{m} = 3 \times \dfrac{1}{10^3} \times \dfrac{1}{10^3}\,\text{m}^2 = \dfrac{3}{10^6}\,\text{m}^2 = 3 \times 10^{-6}\,\text{m}^2$

③ $40\,\text{cm}^2 = 40 \times \dfrac{1}{100}\,\text{m} \times \dfrac{1}{100}\,\text{m} = 40 \times \dfrac{1}{10^2} \times \dfrac{1}{10^2}\,\text{m}^2 = \dfrac{40}{10^4}\,\text{m}^2 = 40 \times 10^{-4}\,\text{m}^2$

$\qquad = 4 \times 10^{-5}\,\text{m}^2$

④ 断面積 $A = 15\,\text{mm} \times 8\,\text{mm} = 120\,\text{mm}^2 = 1.2 \times 10^2\,\text{mm}^2$

⑤ 丸棒の半径を r とすると，断面積 $A = \pi r^2 = 3.14 \times 5^2 = 3.14 \times 25 = 78.5\,\text{mm}^2$

2-5 ① $1.3\,\text{m}^3 = 1.3 \times 1000\,\text{mm} \times 1000\,\text{mm} \times 1000\,\text{mm} = 1.3 \times 10^3 \times 10^3 \times 10^3\,\text{mm}^3$

$\qquad = 1.3 \times 10^9\,\text{mm}^3$

② $5.4\,\text{cm}^3 = 5.4 \times \dfrac{1}{100}\,\text{m} \times \dfrac{1}{100}\,\text{m} \times \dfrac{1}{100}\,\text{m} = 5.4 \times \dfrac{1}{10^6}\,\text{m}^3 = 5.4 \times 10^{-6}\,\text{m}^3$

③ $30\,\text{m}l = 30 \times 10^{-3}\,l = 3.0 \times 10^{-2}\,l$

④ $2.3\,l = 2.3 \times 1000\,\text{cm}^3 = 2.3 \times 10^3\,\text{cm}^3$

⑤ 体積 $V = 30 \times 5 \times 2\,\text{mm}^3 = 300\,\text{mm}^3 = 3 \times 10^2\,\text{mm}^3$

⑥ 長さ $1\,\text{m} = 1000\,\text{mm}$ であるから
体積 $V = 1000 \times 20 \times 15\,\text{mm}^3 = 300000\,\text{mm}^3 = 3 \times 10^5\,\text{mm}^3$

⑦ 長さ $l = 1\,\text{m} = 1000\,\text{mm}$，丸棒の半径を r とすると断面積 $A = \pi r^2$ であるから
体積 $V = A \times l = \pi r^2 l = 3.14 \times 10^2 \times 1000\,\text{mm}^3 = 3.14 \times 10^5\,\text{mm}^3$

2-6 ① $54\,\text{s} = 54 \times \dfrac{1}{60}\,\text{min} = \dfrac{54}{60}\,\text{min} = \dfrac{9}{10}\,\text{min} = 0.9\,\text{min}$

② $1.2\,\text{h} = 1.2 \times 60\,\text{min} = 72\,\text{min}$

③ $210\,\text{min} = 210 \times \dfrac{1}{60}\,\text{h} = \dfrac{210}{60}\,\text{h} = \dfrac{180 + 30}{60}\,\text{h} = 3\,\text{h} + 0.5\,\text{h} = 3.5\,\text{h}$

④ $28\,\text{min} = 28 \times 60\,\text{s} = 1680\,\text{s} = 1.68 \times 10^3\,\text{s}$

⑤ $3.43\,\text{s} = 3.43 \times \dfrac{1}{1000}\,\text{ms} = 3.43 \times 10^{-3}\,\text{ms}$

⑥ $7200\,\text{h} = 7200 \times \dfrac{1}{24}\,\text{d} = \dfrac{7200}{24}\,\text{d} = 300\,\text{d}$

⑦ $100\,\text{d} = 100 \times 24\,\text{h} = 2400\,\text{h}$

2-7 ① $1° = 60'$ より，$0.6° = 0.6 \times 60' = 36'$

② $1' = 60''$ より，$0.1' = 0.1 \times 60'' = 6''$

③ $1'' = \dfrac{1}{60}\,'$ より，$42'' = 42 \times \dfrac{1}{60}\,' = \dfrac{42}{60}\,' = \dfrac{7}{10}\,' = 0.7'$

④ $1' = \dfrac{1}{60}\,°$ より，$54' = 54 \times \dfrac{1}{60}\,° = \dfrac{54}{60}\,° = \dfrac{9}{10}\,° = 0.9°$

2-8 ① 速さ $= \dfrac{距離}{時間}$ より，速さ $= \dfrac{100\,\text{m}}{10\,\text{s}} = 10\,\text{m/s}$ だから

$$10\,\text{m/s} = 10 \times \dfrac{\dfrac{1}{1000}\,\text{km}}{\dfrac{1}{3600}\,\text{h}} = 10 \times \dfrac{1}{10^3} \times 3600\,\text{km/h} = 10 \times 10^{-3} \times 3600\,\text{km/h} = 36\,\text{km/h}$$

② 速さ $= \dfrac{距離}{時間}$ より，速さ $= \dfrac{24\,\text{m}}{0.6\,\text{s}} = \dfrac{24}{0.6}\,\text{m/s} = 40\,\text{m/s}$

③ $2\,\text{h}\,30\,\text{min} = 2\,\text{h} + \dfrac{30}{60}\,\text{h} = 2\,\text{h} + 0.5\,\text{h} = 2.5\,\text{h}$，速さ $= \dfrac{距離}{時間}$ より

速さ $= \dfrac{400\,\text{km}}{2.5\,\text{h}} = 160\,\text{km/h}$

④ $20\,\text{kn} = 20 \times 1\,\text{kn} = 20 \times \dfrac{1\,\text{M}}{1\,\text{h}} = 20 \times \dfrac{1.852\,\text{km}}{1\,\text{h}} = 20 \times 1.852\,\text{km/h} = 37.04\,\text{km/h}$

⑤ $3.6\,\text{kn} = 3.6 \times \dfrac{1.852\,\text{km}}{1\,\text{h}} = 3.6 \times \dfrac{1.852 \times 1000\,\text{m}}{3600\,\text{s}} = 1.852\,\text{m/s}$

2-9 ① 初速度 $v_0 = 0\,\text{m/s}$，$v = 54\,\text{km/h} = 54 \times \dfrac{1000\,\text{m}}{3600\,\text{s}} = 15\,\text{m/s}$ だから

加速度 $a = \dfrac{v - v_0}{t} = \dfrac{15\,\text{m/s} - 0\,\text{m/s}}{30\,\text{s}} = \dfrac{15\,\text{m/s}}{30\,\text{s}} = \dfrac{1}{2}\,\text{m/s}^2 = 0.5\,\text{m/s}^2$

② 初速度 $v_0 = 72\,\text{km/h} = 72 \times \dfrac{1000\,\text{m}}{3600\,\text{s}} = 20\,\text{m/s}$，

$v = 36\,\text{km/h} = 36 \times \dfrac{1000\,\text{m}}{3600\,\text{s}} = 10\,\text{m/s}$ だから

$$\text{加速度 } a = \frac{v - v_0}{t} = \frac{10 \text{ m/s} - 20 \text{ m/s}}{10 \text{ s}} = \frac{-10 \text{ m/s}}{10 \text{ s}} = -1 \text{ m/s}^2$$

③ 加速度 $a = \dfrac{v - v_0}{t}$ の式を変形すると，$t = \dfrac{v - v_0}{a}$ となる。よって

$$\text{時間 } t = \frac{v - v_0}{a} = \frac{28 \text{ m/s} - 14 \text{ m/s}}{1.4 \text{ m/s}^2} = \frac{14}{1.4} \text{ s} = 10 \text{ s}$$

2-10 ① $3800 \text{ mg} = 3800 \times \dfrac{1}{1000} \text{ g} = \dfrac{3800}{1000} \text{ g} = 3.8 \text{ g}$

② $1200 \text{ kg} = 1200 \times \dfrac{1}{1000} \text{ t} = \dfrac{1200}{1000} \text{ t} = 1.2 \text{ t}$

③ $450 \text{ kg} = 450 \times 1000 \text{ g} = 4.5 \times 10^5 \text{ g}$

④ $0.64 \text{ g} = 0.64 \times 1000 \text{ mg} = 6.4 \times 10^2 \text{ mg}$

⑤ $3.5 \text{ mg} = 3.5 \times \dfrac{1}{1000} \text{ g} = 3.5 \times 10^{-3} \text{ g}$

2-11 ① $1 \text{ g} = \dfrac{1}{1000000} \text{ t} = 10^{-6} \text{ t}$，$1 \text{ cm}^3 = 1 \times \dfrac{1}{100} \text{ m} \times \dfrac{1}{100} \text{ m} \times \dfrac{1}{100} \text{ m} = 10^{-6} \text{ m}^3$ だから

$$2.7 \text{ g/cm}^3 = 2.7 \times \frac{10^{-6} \text{ t}}{10^{-6} \text{ m}^3} = 2.7 \text{ t/m}^3$$

② $1 \text{ kg} = 1000 \text{ g} = 10^3 \text{ g}$，$1 \text{ m}^3 = 1 \times 100 \text{ cm} \times 100 \text{ cm} \times 100 \text{ cm} = 10^6 \text{ cm}^3$ だから

$$7.6 \times 10^3 \text{ kg/m}^3 = 7.6 \times 10^3 \times \frac{10^3 \text{ g}}{10^6 \text{ cm}^3} = 7.6 \times \frac{10^6}{10^6} \text{ g/cm}^3 = 7.6 \text{ g/cm}^3$$

③ $1 \text{ g} = \dfrac{1}{1000} \text{ kg} = 10^{-3} \text{ kg}$，$1 \text{ cm}^3 = 1 \times \dfrac{1}{100} \text{ m} \times \dfrac{1}{100} \text{ m} \times \dfrac{1}{100} \text{ m} = 10^{-6} \text{ m}^3$ だから

$$8.9 \text{ g/cm}^3 = 8.9 \times \frac{10^{-3} \text{ kg}}{10^{-6} \text{ m}^3} = 8.9 \times 10^3 \text{ kg/m}^3$$

2-12 ① 重力加速度が働くので，$g = 9.8 \text{ m/s}^2$ とすれば

力 $F = ma = 60 \text{ kg} \times 9.8 \text{ m/s}^2 = 588 \text{ N}$

② 質量 $m = 3 \text{ kg}$，加速度 $a = 1.2 \text{ m/s}^2$ であるので

力 $F = ma = 3 \text{ kg} \times 1.2 \text{ m/s}^2 = 3.6 \text{ N}$

③ 質量 $m = 58 \text{ kg}$，加速度 $a = 2.3 \text{ m/s}^2$ であるので

力 $F = ma = 80 \text{ kg} \times 2.3 \text{ m/s}^2 = 184 \text{ N}$

④ 物体に作用する力は，クレーンが物体を引く上向きの力 $T \text{ (N)}$ と，物体に働く下向きの重力 $mg \text{ (N)}$ が働く。その結果，物体は加速度 a で上向きにつり

上げられ，$T - (100\,\text{kg} \times 9.8\,\text{m/s}^2) = 100\,\text{kg} \times 1.0\,\text{m/s}^2$ なので
$T = (100\,\text{kg} \times 1.0\,\text{m/s}^2) + (100\,\text{kg} \times 9.8\,\text{m/s}^2) = 100\,\text{N} + 980\,\text{N} = 1080\,\text{N}$

⑤ 人に作用する力は，エレベータにより持ち上げられる上向きの力 $T(\text{N})$ と，人に働く下向きの重力 $mg(\text{N})$ が働く．その結果，人は加速度 a で上向きにつり上げられ，$T - (50\,\text{kg} \times 9.8\,\text{m/s}^2) = 50\,\text{kg} \times 0.5\,\text{m/s}^2$ なので
$T = (50\,\text{kg} \times 0.5\,\text{m/s}^2) + (50\,\text{kg} \times 9.8\,\text{m/s}^2) = 25\,\text{N} + 490\,\text{N} = 515\,\text{N}$

2-13 ① $1\,\text{hPa} = 100\,\text{N/m}^2$ より，$1000\,\text{hPa} = 1000 \times 100\,\text{N/m}^2 = 10^5\,\text{N/m}^2$

② $1\,\text{m}^2 = 100\,\text{cm} \times 100\,\text{cm} = 10^4\,\text{cm}^2$ より

$$10\,\text{kN/m}^2 = 10 \times \frac{1000\,\text{N}}{10^4\,\text{cm}^2} = \frac{10^4\,\text{N}}{10^4\,\text{cm}^2} = 1\,\text{N/cm}^2$$

③ $1\,\text{m}^2 = 1000\,\text{mm} \times 1000\,\text{mm} = 10^6\,\text{mm}^2$ より

$$15\,\text{N/m}^2 = 15 \times \frac{1\,\text{N}}{10^6\,\text{mm}^2} = 15 \times 10^{-6}\,\text{N/mm}^2 = 1.5 \times 10^{-5}\,\text{N/mm}^2$$

④ $1\,\text{cm}^2 = \frac{1}{100}\,\text{m} \times \frac{1}{100}\,\text{m} = \frac{1}{10^4}\,\text{m}^2 = 10^{-4}\,\text{m}^2$，$1\,\text{N} = \frac{1}{1000}\,\text{kN} = 10^{-3}\,\text{kN}$ より

$$50\,\text{N/cm}^2 = 50 \times \frac{10^{-3}\,\text{kN}}{10^{-4}\,\text{m}^2} = 50 \times 10\,\text{kN/m}^2 = 500\,\text{kN/m}^2$$

⑤ 圧力 $P(\text{N/m}^2) = \frac{F(\text{N})}{A(\text{m}^2)}$ より，$P = \frac{600\,\text{N}}{0.2\,\text{m}^2} = 3000\,\text{N/m}^2$ となる．

$1\,\text{N} = 10^{-3}\,\text{kN}$ より，$3000\,\text{N/m}^2 = 3000 \times \frac{10^{-3}\,\text{kN}}{\text{m}^2} = 3\,\text{kN/m}^2 = 3\,\text{kPa}$

⑥ $1\,\text{cm}^2 = 10^{-4}\,\text{m}^2$ より

$$\text{圧力}\,P = \frac{400\,\text{N}}{20\,\text{cm}^2} = \frac{400\,\text{N}}{20 \times 10^{-4}\,\text{m}^2} = 20 \times 10^4\,\text{N/m}^2 = 20 \times 10^4\,\text{Pa} = 200\,\text{kPa}$$

⑦ 半径を r とすると

$$\text{断面積}\,A = \pi r^2 = 3.14 \times (100\,\text{mm})^2 = 3.14 \times \left(100 \times \frac{1}{1000}\,\text{m}\right)^2 = 3.14 \times 10^{-2}\,\text{m}^2$$

$$\text{圧力}\,P = \frac{157\,\text{N}}{3.14 \times 10^{-2}\,\text{m}^2} = 50 \times 10^2\,\text{N/m}^2 = 5\,\text{kN/m}^2 = 5\,\text{kPa}$$

2-14 ① 断面積 $A = 300\,\text{mm}^2$，外力 $F = 60\,\text{kN} = 60 \times 10^3\,\text{N}$ とすれば

$$\text{応力}\,\sigma = \frac{F}{A} = \frac{60 \times 10^3\,\text{N}}{300\,\text{mm}^2} = 200\,\text{N/mm}^2$$

② 断面積 $A = \pi r^2 = 3.14 \times (10\,\text{mm})^2 = 3.14 \times 10^2\,\text{mm}^2$,
外力 $F = 3.14\,\text{kN} = 3.14 \times 10^3\,\text{N}$ とすれば
応力 $\sigma = \dfrac{F}{A} = \dfrac{3.14 \times 10^3\,\text{N}}{3.14 \times 10^2\,\text{mm}^2} = 10\,\text{N/mm}^2$

③ 断面積 $A = 70\,\text{mm}^2 = 70 \times \dfrac{1}{1000}\,\text{m} \times \dfrac{1}{1000}\,\text{m} = 70 \times 10^{-6}\,\text{m}^2$, 外力 $F = 210\,\text{N}$ とすれば, 応力 $\sigma = \dfrac{F}{A} = \dfrac{210\,\text{N}}{70 \times 10^{-6}\,\text{m}^2} = 3 \times 10^6\,\text{N/m}^2$, $1\,\text{MPa} = 10^6\,\text{N/m}^2$ より

$3 \times 10^6\,\text{N/m}^2 = 3\,\text{MPa}$

④ 断面積 $A = 20\,\text{mm} \times 30\,\text{mm} = 600 \times \dfrac{1}{1000}\,\text{m} \times \dfrac{1}{1000}\,\text{m} = 6 \times 10^{-4}\,\text{m}^2$,
外力 $F = 600\,\text{N}$ とすれば, 応力 $\sigma = \dfrac{F}{A} = \dfrac{600\,\text{N}}{6 \times 10^{-4}\,\text{m}^2} = 1 \times 10^6\,\text{N/m}^2$,

$1\,\text{MPa} = 10^6\,\text{N/m}^2$ より, $1 \times 10^6\,\text{N/m}^2 = 1\,\text{MPa}$

2-15 ① 質量 $m = 1\,\text{kg}$ の物体を持ち上げるには, 重力加速度 $g = 9.8\,\text{m/s}^2$ がかかるので, $mg = 9.8\,(\text{N})$ の力が必要となる. したがって
仕事 $W = F \cdot l = 9.8\,\text{N} \times 1\,\text{m} = 9.8\,\text{N·m} = 9.8\,\text{J}$

② 質量 $m = 1000\,\text{kg}$ の水を持ち上げるには, 重力加速度 $g = 9.8\,\text{m/s}^2$ がかかるので, $mg = 1000\,\text{kg} \times 9.8\,\text{m/s}^2 = 9.8 \times 10^3\,\text{kg·m/s}^2 = 9.8 \times 10^3\,\text{N}$ の力が必要となる. したがって, 仕事 $W = F \cdot l = 9.8 \times 10^3\,\text{N} \times 15\,\text{m} = 147\,\text{N·m} = 147\,\text{J}$

2-16 ① 質量 $m = 800\,\text{kg}$ の荷物を持ち上げるには, 重力加速度 $g = 9.8\,\text{m/s}^2$ がかかるので, $mg = 800\,\text{kg} \times 9.8\,\text{m/s}^2 = 7.84 \times 10^3\,\text{kg·m/s}^2 = 7.84 \times 10^3\,\text{N}$ の力が必要となる. よって, 仕事 $W = F \cdot l = 7.84 \times 10^3\,\text{N} \times 5\,\text{m} = 3.92 \times 10^4\,\text{N·m} = 3.92 \times 10^4\,\text{J}$, したがって, 仕事率 $P = \dfrac{W}{t} = \dfrac{3.92 \times 10^4\,\text{J}}{70\,\text{s}} = 560\,\text{J/s} = 560\,\text{W}$

② 質量 $m = 500\,\text{kg}$ の水を持ち上げるには, 重力加速度 $g = 9.8\,\text{m/s}^2$ がかかるので, $mg = 500\,\text{kg} \times 9.8\,\text{m/s}^2 = 4.9 \times 10^3\,\text{kg·m/s}^2 = 4.9 \times 10^3\,\text{N}$ の力が必要となる. よって, 仕事 $W = F \cdot l = 4.9 \times 10^3\,\text{N} \times 10\,\text{m} = 4.9 \times 10^4\,\text{N·m} = 4.9 \times 10^4\,\text{J}$, したがって, 仕事率 $P = \dfrac{W}{t} = \dfrac{4.9 \times 10^4\,\text{J}}{140\,\text{s}} = 350\,\text{J/s} = 350\,\text{W}$

2-17 ① $1\,\text{mA} = 10^{-3}\,\text{A}$ より, $200\,\text{mA} = 200 \times 10^{-3}\,\text{A} = 0.2\,\text{A}$

② $1\,\text{A} = 10^6\,\mu\text{A}$ より, $15\,\text{A} = 15 \times 10^6\,\mu\text{A} = 1.5 \times 10^7\,\mu\text{A}$

③ $1\,\text{mA} = 10^3\,\mu\text{A}$ より, $7\,\text{mA} = 7.0 \times 10^3\,\mu\text{A}$

2-18 ① $1\,\text{mV} = 10^{-3}\,\text{V} = 10^{-3} \times 10^{-3}\,\text{kV} = 10^{-6}\,\text{kV}$ より
$160\,\text{mV} = 160 \times 10^{-6}\,\text{kV} = 1.6 \times 10^{-4}\,\text{kV}$

② $1\,\text{kV} = 10^{3}\,\text{V} = 10^{3} \times 10^{3}\,\text{mV} = 10^{6}\,\text{mV}$ より
$90\,\text{kV} = 90 \times 10^{6}\,\text{mV} = 9.0 \times 10^{7}\,\text{mV}$

2-19 ① $1\,\text{M}\Omega = 10^{6}\,\Omega$ より，$21\,\text{M}\Omega = 21 \times 10^{6}\,\Omega = 2.1 \times 10^{7}\,\Omega$

② $1\,\text{m}\Omega = 10^{-3}\,\Omega$ より，$45\,\text{m}\Omega = 45 \times 10^{-3}\,\Omega = 4.5 \times 10^{-2}\,\Omega$

③ $1\,\mu\Omega = 10^{-6}\,\Omega$ より，$100\,\mu\Omega = 100 \times 10^{-6}\,\Omega = 1.0 \times 10^{-4}\,\Omega$

2-20 ① 電流 $I = \dfrac{V}{R} = \dfrac{12}{150} = 0.08\,\text{A} = 0.08 \times 1000\,\text{mA} = 80\,\text{mA}$

② 電圧 $V = RI = 60 \times 0.5 = 30\,\text{V}$

③ $20\,\text{mA} = 20 \times 10^{-3}\,\text{A}$ より，電圧 $V = RI = 100 \times 20 \times 10^{-3} = 2\,\text{V}$

④ 抵抗 $R = \dfrac{V}{I} = \dfrac{6}{1.2} = 5\,\Omega$

⑤ $12\,\text{mA} = 12 \times 10^{-3}\,\text{A}$ より，抵抗 $R = \dfrac{V}{I} = \dfrac{3}{12 \times 10^{-3}} = 0.25 \times 10^{3} = 250\,\Omega$

CHAPTER 3

3-1 ① $\sin^2\theta + \cos^2\theta = 1$ より
$\cos\alpha = \sqrt{1 - \sin^2\alpha} = \sqrt{1 - 0.8^2} = 0.6$，$\tan\alpha = \dfrac{\sin\alpha}{\cos\alpha} = \dfrac{0.8}{0.6} = 1.3$

② $\sin\alpha = \sqrt{1 - \cos^2\alpha} = \sqrt{1 - 0.43^2} = 0.903$，$\tan\alpha = \dfrac{\sin\alpha}{\cos\alpha} = \dfrac{0.903}{0.43} = 2.1$

または，$\tan^2\theta + 1 = \dfrac{1}{\cos^2\theta}$ の関係式より

$\tan\alpha = \sqrt{\dfrac{1}{\cos^2\alpha} - 1} = \sqrt{\dfrac{1}{0.43^2} - 1} = 2.1$

③ $\cos\alpha = \sqrt{\dfrac{1}{1 + \tan^2\alpha}} = \sqrt{\dfrac{1}{1 + 3.8^2}} = 0.2545$

$\sin\alpha = \sqrt{1 - \cos^2\alpha} = \sqrt{1 - 0.2545^2} = 0.967$

④ $\cos(90° - \alpha) = \sin\alpha = \sqrt{1 - \cos^2\alpha} = \sqrt{1 - 0.724^2} = 0.69$

3-2 与えられた値が，斜辺，高さ，底辺のどれに対応するかを確認し，計算すればよい．電卓の操作に注意！

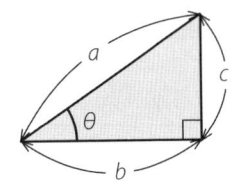

① $\sin\theta = \dfrac{c}{a}$ より

$$\sin^{-1}\left(\dfrac{c}{a}\right) = \sin^{-1}\left(\dfrac{9.6}{12.4}\right) = 50.73[°] = 0.8854\,[\text{rad}]$$

以下同様に計算すればよい．

② 44.55°, 0.7775 rad

③ 66.24°, 1.156 rad

3-3 OC = 14.601…であるので，$\sin\alpha = 0.2328\cdots$，$\cos\alpha = 0.9725\cdots$，$\tan\alpha = 0.2394\cdots$

3-4 ある点 A は座標 $(a, 13.784)$ であり，縦軸値が正である．また，$a > 0$ と合わせて考えると，点 A は第 1 象限にある．

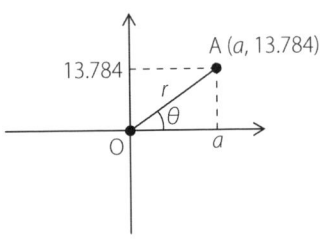

$\sin\theta = 0.284$ より $\dfrac{13.784}{r} = 0.284$，$r$ について

解くと $r = \dfrac{13.784}{0.284}$ である．

そこで，三平方の定理を適用すると $a = \sqrt{\left(\dfrac{13.784}{0.284}\right)^2 - 13.784^2} = 46.537$ となる．

3-5 ① 64° ② 18° ③ 82° ④ 53° ⑤ 37°

3-6 問題の三角形は図のようになる．
第二余弦定理を変形すると，たとえば

$$\cos\alpha = \dfrac{-a^2 + b^2 + c^2}{2bc}$$

となる．この式を利用すればよい．

$\cos\angle C = 0.6782\cdots$

よって

$\angle C = \cos^{-1} 0.6782\cdots = 47.2945\cdots° = 47.3°$

同様にして

$\angle B = \cos^{-1} 0.5049\cdots = 59.67°$

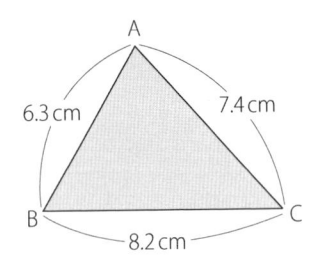

CHAPTER 4

4-1 合力は図のようにベクトルの合成によって求められるので，これを平行四辺形の法則に従って計算すればよい。

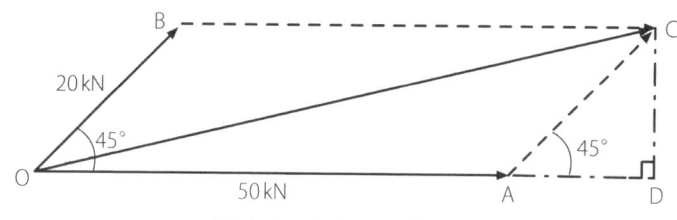

ベクトルの合成による力の合力

求める合力のベクトルは OC であり，これはベクトル OA とベクトル OB の和で表される。一方，OC の長さの 2 乗は三平方の定理より線分 OD と線分 CD のそれぞれの 2 乗和に等しいので，以下のように展開できる。

$$OC^2 = OD^2 + CD^2 = (OA + AC\cos 45°)^2 + (AC\sin 45°)^2$$
$$= \left(50 + 20 \times \frac{1}{\sqrt{2}}\right)^2 + \left(20 \times \frac{1}{\sqrt{2}}\right)^2 = 6928.42$$

上式にて，辺 AC の長さは平行四辺形の定理より辺 OB に等しいことを用いている。これより，合力の大きさ OC は

$$OC = \sqrt{6928.42} = 83.23 [kN]$$

4-2 問題を以下のように図示して考える。図 1 に A 灯台，B 船の初期位置，さらに点 C を定義する。

AB の長さは 18 海里であるから，BC および AC の長さは
BC = AB × sin 50° = 13.78 [海里]
AC = AB × cos 50° = 11.57 [海里]
となる。本船は 72° の針路で 12 ノットの速力で航行するが，これに流向 120°，流速 2 ノットの海流が作用するため，陸

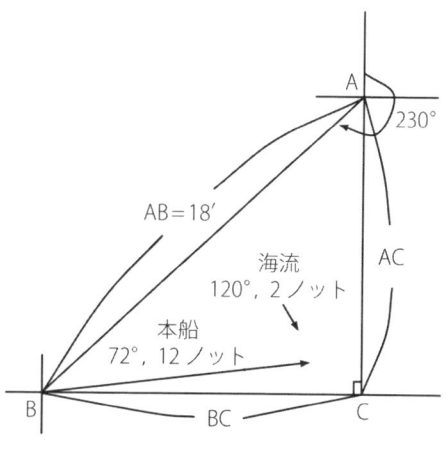

図 1　A 灯台と B 船の関係図

179

上から見れば，図2に示すベクトル合成された方位および速力で航行していることになる（対地速力）。

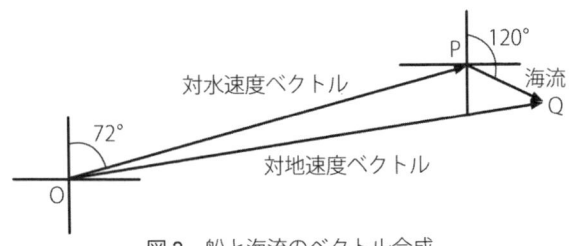

図2　船と海流のベクトル合成

上の関係より，実際には船は OQ の方向に進んでいることになるので，これをベクトル合成の式に従い，以下のように求める。

$$\overrightarrow{OQ} = \overrightarrow{OP} + \overrightarrow{PQ} = (12 \times \sin 72°, \ 12 \times \cos 72°) + (2 \times \sin 120°, \ 2 \times \cos 120°)$$
$$= (11.41, \ 3.71) + (1.73, \ -1.0) = (13.14, \ 2.71)$$

これより，船が実際に進む方位および速力は以下のようになる。

$$\theta = \tan^{-1} \frac{13.14}{2.71} = 78°$$

$$V = \sqrt{13.14^2 + 2.71^2} = 13.4 \text{ノット}$$

図1において，灯台の正横方向，すなわち AC 上を船が通過する時点の位置と時間を求めればよい。図3のとおりに整理すると，船が点 D を通過するときの距離 CD および時間を求めればよいので，直角三角形 BCD について，以下の関係が成り立つ。

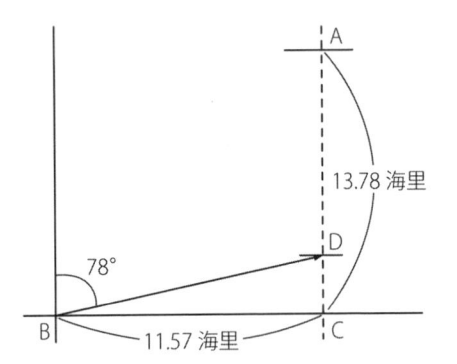

図3　A 灯台に正横となるときの幾何学的関係

$$CD = BC \times \tan(90° - 78°) = 11.57 \times \tan 12° = 2.46$$

また，船の東西方向への速力はベクトル計算で求めたとおり 13.14 ノットであるので，点 D を通過するまでの時刻は

$$t = \frac{BC}{V_{EW}} = \frac{11.57}{13.14} = 52' \ 50''$$

これより，船が A 灯台に正横となるときの灯台からの距離 AD は

AD = 13.78 - 2.46 = 11.32［海里］

正横になる時間は 52 分 50 秒後となる。

4-3 問題を図示して考える。図に D 灯台, 船, 海流の幾何学的な関係を示す。図において, 船のベクトル OB の長さは, 13 ノットの速力で 2 時間航行したため, $13 \times 2 = 26$ 海里となる。海流の流速がゼロであれば, 船は点 B にいるはずであるが, 実際には点 C に位置することからベクトル BC = 2 時間のうちに海流によって船が移動したベクトルと考えることができる。これを式に表すと

$$\overrightarrow{OB} + \overrightarrow{BC} = \overrightarrow{OC}$$

の関係が成り立つ。最終的にはベクトル BC を求めるわけだが, ベクトル OC も未知であるので, 三角形 ODC で考えて計算しておこう。

灯台, 船, 海流の位置関係

$$\overrightarrow{OC} = \overrightarrow{OD} + \overrightarrow{DC}$$
$$= (-18 \times \sin 153°, -18 \times \cos 153°) + (22 \times \sin 65°, 22 \times \cos 65°)$$
$$= (-8.17, 16.04) + (19.94, 9.30) = (11.77, 25.34)$$

これより, 海流のベクトル BC は以下により求められる。

$$\overrightarrow{BC} = \overrightarrow{OC} - \overrightarrow{OB}$$
$$= (11.77, 25.34) - (26 \times \sin 35°, 26 \times \cos 35°)$$
$$= (11.77, 25.34) - (14.91, 21.30) = (-3.14, 4.04)$$

ベクトル BC の方位は

$$\theta = \tan^{-1} \frac{-3.14}{4.04} = -37.8°$$

図よりベクトルの向きを確認すると以下のように補正される。

$$\theta = 360° - 37.8° = 322.2° \approx 322°$$

ベクトル BC の長さは

$$\left|\overrightarrow{BC}\right| = \sqrt{(-3.14)^2 + 4.04^2} = 5.12 \text{ 海里}$$

これは 2 時間流れた長さであるので

$$V = 5.12 \div 2 = 2.56 \text{ ノット}$$

よって海流の向きおよび流速は, 322°, 2.56 ノットと求められる。

CHAPTER 5

5-1 ①

時刻	距離	方向
0	2.2 cm	207°
1	1.6 cm	232°
2	1.2 cm	270°
3	1.3 cm	321°
4	1.7 cm	22°
5	2.5 cm	53°
6	3.3 cm	67°

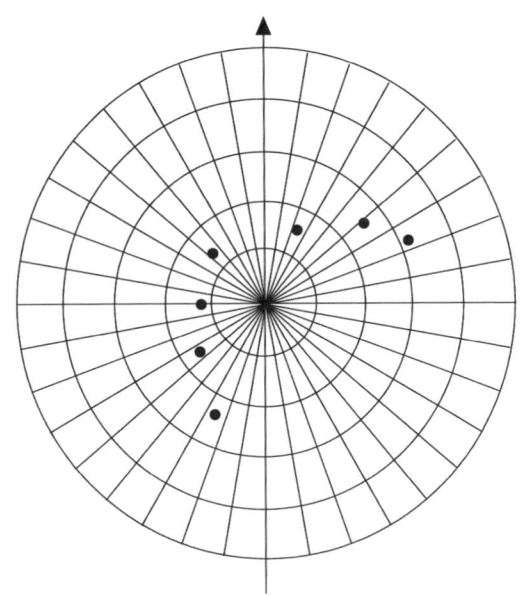

②

時刻	距離	方向
0	1.1 cm	153°
1	1.1 cm	128°
2	1.6 cm	113°
3	2.3 cm	106°
4	3.1 cm	106°
5	4.1 cm	108°
6	5.0 cm	110°

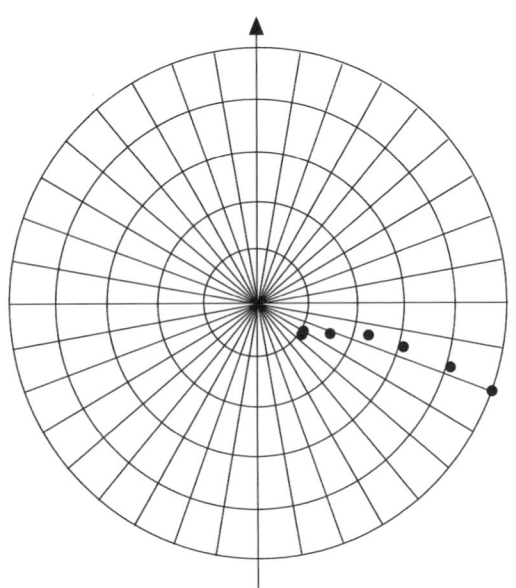

5-2

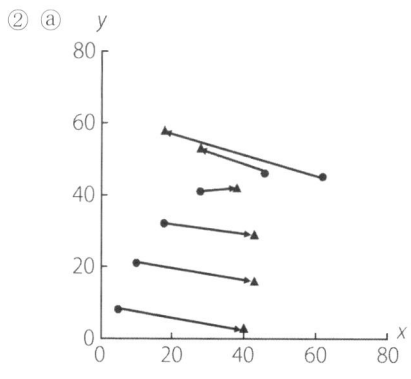

① $x = r\sin\theta$, $y = r\cos\theta$

② ⓐ

ⓑ

| | 点 A || 点 B || 相対的な値 || r, θ 表示 ||
時刻	x 座標	y 座標	x 座標	y 座標	x 座標	y 座標	距離 r	方向 θ
1	5	8	40	3	35	−5	35.4	98
2	10	21	43	16	33	−5	33.4	99
3	18	32	43	29	25	−3	25.2	97
4	28	41	38	42	10	1	10.0	84
5	46	46	28	53	−18	7	19.3	291
6	62	45	18	58	−44	13	45.9	286

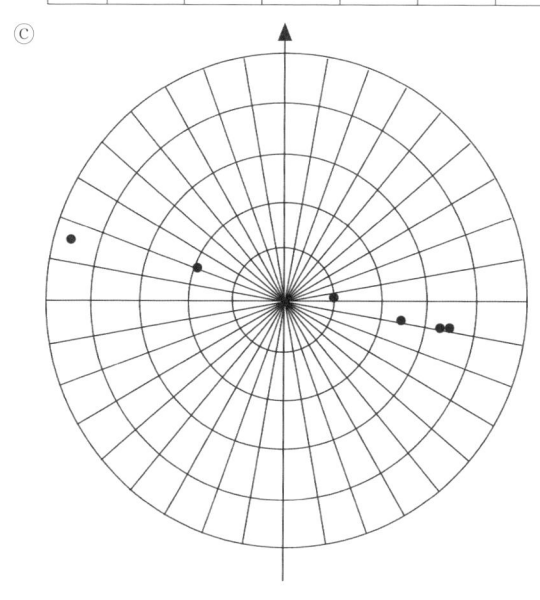

ⓒ

5-3 完成した表

r, θ 表示 / 相対的な値

時刻	距離 r	角度 θ	x 座標	y 座標
1	4.0	170°	0.7	-3.9
2	3.4	150°	1.7	-2.9
3	3.0	130°	2.3	-1.9
4	2.6	100°	2.6	-0.5
5	2.6	60°	2.3	1.3
6	3.4	30°	1.7	2.9
7	5.0	10°	0.9	4.9

①の座標

式	x_B 座標 x_A+x	y_B 座標 y_A+y
1	0.7	-9.9
2	1.7	-6.9
3	2.3	-3.9
4	2.6	-0.5
5	2.3	3.3
6	1.7	6.9
7	0.9	10.9

②の座標

式	x_B 座標 x_A+x	y_B 座標 y_A+y
1	-2.7	-6.1
2	-1.4	-3.8
3	0.1	-1.7
4	1.5	0.5
5	2.9	2.8
6	3.9	4.3
7	4.5	5.6

$\begin{cases} x = x_B - x_A \\ y = y_B - y_A \end{cases}$ より

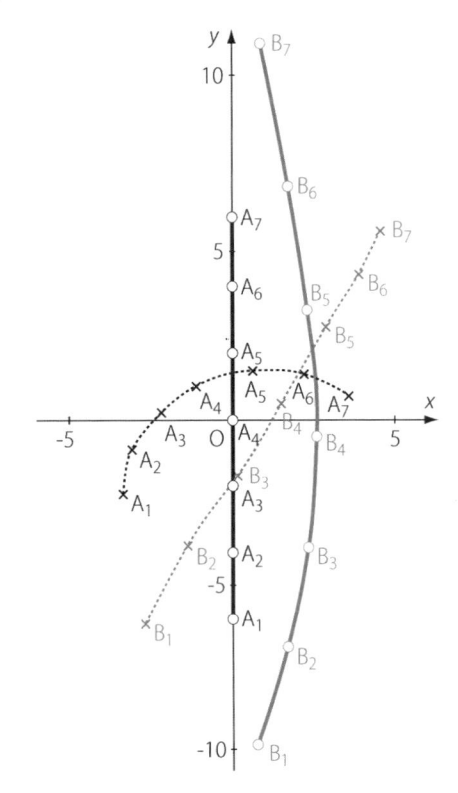

CHAPTER 6

6-1 ①

位	方向	距離
0	なし	0 cm
1	90°	1.0 cm
2	90°	2.0 cm
3	90°	3.0 cm
4	90°	4.0 cm
5	90°	5.0 cm
6	90°	6.0 cm

距離 0 cm なので方向なし

方向はすべて 90°

② （図は省略）

位	方向	距離
0	333°	1.1 cm
1	308°	1.1 cm
2	293°	1.6 cm
3	286°	2.3 cm
4	286°	3.1 cm
5	288°	4.1 cm
6	290°	5.0 cm

6-2 相対位置を考える場合，その位置ベクトルの始点は（点 A ~~点 B~~）であり，相対位置のベクトルの終点は（~~点 A~~ 点 B）である。すなわち，相対位置のベクトルの始点は（~~見られるほう~~ 見るほう）の位置ベクトルの終点であり，相対位置のベクトルの終点は（見られるほう ~~見るほう~~）の位置ベクトルの終点である。これをベクトル演算で考えたなら，（見られるほう ~~見るほう~~）の位置ベクトルから（~~見られるほう~~ 見るほう）の位置ベクトルを引くことになる。

6-3

	点 A		点 B		相対的な値	
時刻	x 座標	y 座標	x 座標	y 座標	x 座標	y 座標
1	5	8	40	3	35	−5
2	10	21	43	16	33	−5
3	18	32	43	29	25	−3
4	28	41	38	42	10	1
5	46	46	28	53	−18	7
6	62	45	18	58	−44	13
7	75	36	6	59	−69	23

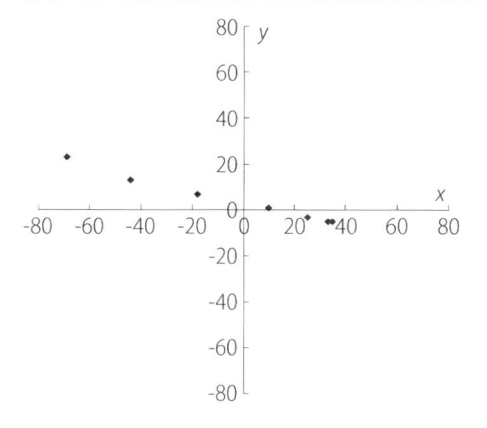

6-4 関係を図示すると以下のとおりである。

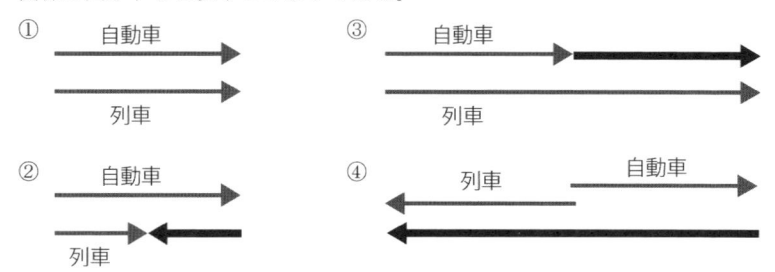

① 自動車／列車

② 自動車／列車

③ 自動車／列車

④ 列車／自動車

① 停止（0 km/h）しているように見える
② 反対方向（後方）に 30 km/h で走っているように見える
③ 同じ方向に 60 km/h で走っているように見える
④ 反対方向（後方）に 120 km/h で走っているように見える

6-5 相対速度ベクトルの始点は（船 A ~~船 B~~）の速度ベクトルの終点であり，相対速度ベクトルの終点は（~~船 A~~ 船 B）の速度ベクトルの終点である。すなわち，相対速度ベクトルの始点は（~~見られるほう~~ 見るほう）の終点であり，相対速度ベクトルの終点は（見られるほう ~~見るほう~~）の終点である。これをベクトル演算で考えたなら，（見られるほう ~~見るほう~~）のベクトルから（~~見られるほう~~ 見るほう）のベクトルを引くことになる。

6-6 ① 右図のようになる。相対ベクトルは

$(-35, 15) - (20, 60) = (-55, -45)$

となる。

〔参考〕このベクトルが y 軸の正の方向となす角は時計回りに約 231°，大きさは 71 となる。よって，物体 B は物体 A から見て西から南へ 39° の方向に速さ 71 で移動しているように見える。

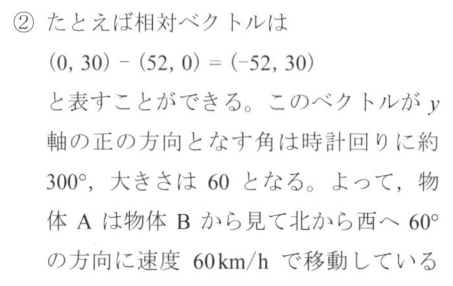

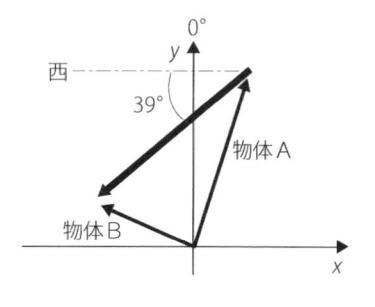

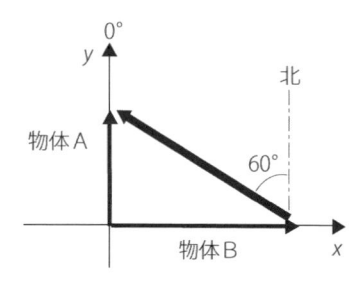

② たとえば相対ベクトルは

$(0, 30) - (52, 0) = (-52, 30)$

と表すことができる。このベクトルが y 軸の正の方向となす角は時計回りに約 300°，大きさは 60 となる。よって，物体 A は物体 B から見て北から西へ 60° の方向に速度 60 km/h で移動している

186

③ 北を y 軸方向，東を x 軸方向と考えた場合，船舶 A の速度ベクトルは
$(15\sin 315°, 15\cos 315°) = (-10.6, 10.6)$
船舶 B の速度ベクトルは
$(20\sin 67.5°, 20\cos 67.5°) = (18.5, 7.7)$
と書ける。よって，相対ベクトルは
$(29.1, -2.9)$ 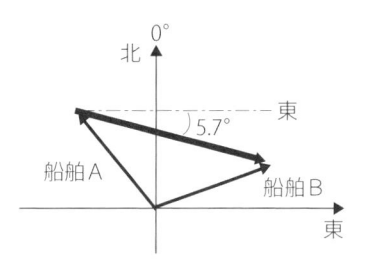
となる。このベクトルが y 軸の正の方向となす角は時計回りに約 95.7°，大きさは 29.2 となる。よって，船舶 B は船舶 A から見て東から南へ 5.7° の方向に，速度 29.2 ノットで動いているように見える。

6-7 船の速度ベクトルはベクトル AQ，川の流れのベクトルはベクトル QP と表し，三角形 AQP を考える。

いま川の流れを x km/h とし，三角形 APQ で正弦定理を考える。

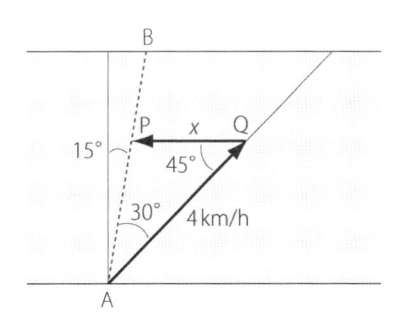

$$\frac{4}{\sin \angle APQ} = \frac{x}{\sin \angle PAQ}$$

$$\frac{4}{\sin 105°} = \frac{x}{\sin 30°}$$

よって

$$x = 4\frac{\sin 30°}{\sin 105°} = 2.07$$

よって，2.07 km/h（0.575 m/s）と求まる。

6-8 ① 最初の船の速度ベクトルを $\mathbf{s} = (a, 0)$，風の風速ベクトルを $\mathbf{w} = (p, q)$ と置く。
最初に感じる風のベクトルは
$\mathbf{w} - \mathbf{s} = (p, q) - (a, 0) = (p - a, q)$
と表せる。これが北から吹いてくるように感じられたことから
$p - a = 0, \ q < 0$
よって
$p = a$
次に船の速さを 2 倍にするから，速度ベクトルは $\mathbf{s}' = 2\mathbf{s} = (2a, 0)$ となる。
よって，感じる風のベクトルは

$\mathbf{w} - \mathbf{s}' = \mathbf{w} - 2\mathbf{s} = (p - 2a, q) = (-a, q)$

と表せる。この風が北東の風となるから

$-a = q$ （$-a < 0$, $q < 0$ は成り立っている）

よって，最初の風速ベクトル $\mathbf{w}$ は $(a, -a)$ と表せる。これは，南東向きのベクトルであるから北西の風である。（真風向 315°）

② $a = 5$ ノット $= (5 \times 1852) \div 3600 = 2.57$ m/s

$|\mathbf{w}| = \sqrt{a^2 + (-a)^2} = \sqrt{2}\,a$

よって，$|\mathbf{w}| = 3.64$ m/s

CHAPTER 7

7-1 $a = \dfrac{F}{m} = \dfrac{20000\text{N}}{100000\text{kg}} = 0.2\,\text{m/s}^2$

7-2 $v = \dfrac{S}{t} = \dfrac{100\text{km}}{5\text{時間}} = 20\,\text{km/h}$

ノットに変換 $\dfrac{20\text{km/h}}{1.852} = 10.8$ ノット

7-3 $S = v \times t = 15$ ノット $\times 3.5$ 時間 $= 52.5$ 海里

km に変換 $S = 52.5$ 海里 $\times 1.852 = 97.2$ km

7-4 $t = \dfrac{S}{v} = \dfrac{50\text{海里}}{12\text{ノット}} = 4$ 時間 10 分

7-5 加速度 $a = \dfrac{F}{m} = \dfrac{200\text{N}}{20000\text{kg}} = 0.01\,\text{m/s}^2$

15 分後の速力 $v = a \times t = 0.01\,\text{m/s}^2 \times 900\text{s} = 9.0\,\text{m/s}$

ノットに変換 $v = \dfrac{9\,\text{m/s} \times 3600}{1.852 \times 1000} = 17.4$ ノット

航行距離 $S = \dfrac{1}{2} a \times t^2 = \dfrac{1}{2} \times 0.01\,\text{m/s}^2 \times (900\text{s})^2 = 4050\,\text{m}$

海里に変換 $S = \dfrac{4050\text{m}}{1852} = 2.2$ 海里

7-6 加速度 $a = \dfrac{0 - \dfrac{15 ノット \times 1.852 \times 100}{3600}}{60\,\mathrm{s}} = -0.129\,\mathrm{m/s^2}$

移動した距離 $S = v_0 \times t + \dfrac{1}{2} a \times t^2$

$\qquad\qquad\qquad = \dfrac{15 ノット \times 1.852 \times 1000}{3600} \times 60\,\mathrm{s} + \dfrac{1}{2} \times (-0.129)\,\mathrm{m/s^2} \times (60\,\mathrm{s})^2$

$\qquad\qquad\qquad = 230.8\,\mathrm{m}$

海里に変換 $S = 0.231\,\mathrm{km}/1.852 = 0.12\,海里$

7-7 停止までにかかった時間を t とし，加速度を求める。

$a = \dfrac{0 - \dfrac{15 ノット \times 1.852 \times 1000}{3600}}{t} = -\dfrac{7.72}{t}\,\mathrm{m/s^2}$

停止までにかかった距離 $S = v_0 t + \dfrac{1}{2} a t^2$

$0.5\,海里 \times 1.852 \times 1000 = \dfrac{15 ノット \times 1.852 \times 1000}{3600} \times t + \dfrac{1}{2} \times \left(-\dfrac{7.72}{t}\right) \times t^2$

t についてまとめると $t = 240\,\mathrm{s}$ （4分）

7-8 加速度を a として式(7.10)に $v=0$ ノット，$v_0 = 20$ ノット，$S = 0.5$ 海里を代入

$0^2 = \left(\dfrac{20 ノット \times 1.852 \times 1000}{3600}\right)^2 + 2 \times a \times (0.5\,海里 \times 1.852 \times 1000)$

$a = -0.06\,\mathrm{m/s^2}$ （減速の加速度）

7-9 角加速度 $\omega = \dfrac{v}{r} = \dfrac{\dfrac{10 ノット \times 1.852 \times 1000}{3600}}{0.3\,海里 \times 1.852 \times 1000} = 0.0093\,\mathrm{rad/s}$

1分間の船首方位の変化 $\theta = \dfrac{0.0093 \times 60 \times 180}{\pi} = 32.0\,度$

7-10 $t = \dfrac{\theta}{\omega} = \dfrac{\dfrac{60 \times \pi}{180}}{0.15} = 7.0\,\mathrm{s}$

7-11 減速前の角速度 $\omega_0 = \dfrac{v}{r} = \dfrac{\dfrac{16 \times 1.852 \times 1000}{3600}}{0.5 \times 1.852 \times 1000} = 0.0089\,\mathrm{rad/s}$

停止までにかかった時間を t とし，角加速度を求める。

$$\dot{\omega} = \frac{\omega - \omega_0}{t} = -\frac{0.0089}{t} \text{rad/s}^2$$

式(7.15)に変位角120度，角速度，角加速度を代入する。

$$\frac{120 \times \pi}{180} = 0.0089 \text{rad/s} \times t + \frac{1}{2} \times \left(-\frac{0.0089}{t}\right) \times t^2$$

t についてまとめると $t = 471.2$ s

7-12 喫水を d m として排水量 D を求める。

$$D = 3^2 \pi \text{m}^2 \times d \text{m} \times \rho \text{ton/m}^3 = 28.98d \text{ ton}$$

排水量と円柱の重さが等しいので $28.98d \text{ ton} = 20 \text{ ton}$

$d = 0.69$ m　よって喫水は 69 cm

7-13 排水量　$D = 3^2 \pi \text{m}^2 \times d \text{m} \times \rho \text{ton/m}^3 = 28.27d \text{ ton}$

$28.27d \text{ ton} = 20 \text{ton}$,　$d = 0.71$ m　よって喫水は 71 cm

7-14 錨の容積　$V = \dfrac{W}{\rho} = \dfrac{3 \text{ton}}{7.5 \text{ton/m}^3} = 0.4 \text{m}^3$

錨の浮力　$b = V \times \rho = 0.4 \text{m}^3 \times 1.025 \text{ton/m}^3 = 0.41 \text{ton}$

海中での錨の重量　$W' = 3 - 0.41 = 2.59 \text{ton}$

7-15 水線面積　$A_w = 20 \text{m} \times 4 \text{m} = 80 \text{m}^2$

$$\text{T.P.C.} = A_w \text{m}^2 \times \frac{1}{100} \times 1.025 \text{ton/m}^3 = 0.82 \text{ton}$$

7-16 $N = -F \times L = -50 \text{N} \times 0.15 \text{m} = -7.5 \text{N} \cdot \text{m}$　（右回り）

7-17 $N = -F_1 \times L_1 + F_2 \times (L_1 + L_2) - F_3 \times (L_1 + L_2 + L_3) = -8 \text{N} \cdot \text{m}$　（右回り）

7-18 棒の重さによる力 $F_3 = 10 \times 9.8 = 98 \text{N}$ が，棒の中心にかかっていると考える。

支点での反力　$R = F_1 + F_2 + F_3 = 148 \text{N}$

左端周りのモーメントを考える。

$$N = R \times x - F_3 \times 0.5 \text{m} - F_2 \times 1 \text{m} = 148x - 69 = 0 \text{N} \cdot \text{m}$$

よって　$x = 0.47$ m

7-19
反力をそれぞれ R_a, R_b とする。

支点での反力の合計はかかる力の合計と等しいので

$R_a + R_b = (W_1 + W_2 + W_3) \times g = 686\,\mathrm{N}$

A点周りのモーメントを考える。

$-W_1 \times g \times L_1 - W_2 \times g \times (L_1 + L_2) - W_3 \times g \times (L_1 + L_2 + L_3) + R_b \times (L_1 + L_2 + L_3 + L_4) = 0$

よって，$R_b = 356.4\,\mathrm{N}$

$R_a + R_b = 686\,\mathrm{N}$ より，$R_a = 329.6\,\mathrm{N}$

支点A：329.6N，支点B：356.4N

7-20
トリムの変化 $t = \dfrac{w \times d}{\mathrm{M.T.C.}} = \dfrac{150\,\mathrm{ton} \times 50\,\mathrm{m}}{75\,\mathrm{ton \cdot m}} = 100\,\mathrm{cm}$

船首トリムの変化（＋）$t_f = t \times \dfrac{L_f}{L} = 100\,\mathrm{cm} \times \dfrac{66\,\mathrm{m}}{120\,\mathrm{m}} = 55\,\mathrm{cm}$

船尾トリムの変化（－）$t_a = t \times \dfrac{L_a}{L} = 100\,\mathrm{cm} \times \dfrac{54\,\mathrm{m}}{120\,\mathrm{m}} = 45\,\mathrm{cm}$

新しい船首喫水 $d'_f = d_f + t_f = 4.5\,\mathrm{m} + 0.55\,\mathrm{m} = 5.05\,\mathrm{m}$

新しい船尾喫水 $d'_a = d_a - t_a = 5.4\,\mathrm{m} - 0.45\,\mathrm{m} = 4.95\,\mathrm{m}$

船首喫水：5.05m，船首喫水：4.95m

7-21
トリムの変化を $x\,\mathrm{cm}$ とする。

船首トリムの変化（＋）$t_f = t \times \dfrac{L_f}{L} = x\,\mathrm{cm} \times \dfrac{78\,\mathrm{m}}{140\,\mathrm{m}} = d'_f - d_f$

$= 550\,\mathrm{cm} - 500\,\mathrm{cm} = 50\,\mathrm{cm}$

よって $x = 89.7\,\mathrm{cm}$

船尾トリムの変化（－）$t_a = t \times \dfrac{L_a}{L} = 89.7\,\mathrm{cm} \times \dfrac{62\,\mathrm{m}}{140\,\mathrm{m}} = 39.7\,\mathrm{cm}$

新しい船尾喫水 $d'_a = d_a - t_a = 6.1\,\mathrm{m} - 0.397\,\mathrm{m} = 5.7\,\mathrm{m}$

船尾喫水：5.7m

なお，貨物の船首方向への移動距離 $d\,\mathrm{m}$ は

$$t = 89.7\,\text{cm} = \frac{w \times d}{\text{M.T.C.}} = \frac{200\,\text{ton} \times d\,\text{m}}{\frac{7000\,\text{ton} \times 150\,\text{m}}{100 \times 140\,\text{m}}}$$

より，33.6m となる。

7-22 平均沈降量 $\delta = \dfrac{w}{\text{T.P.C.}} = \dfrac{120\,\text{ton} - 50\,\text{ton}}{15\,\text{ton}} = 4.7\,\text{cm}$

トリムモーメントを求める。

前方からの揚荷（船尾トリムになる）　$w \times d = 50\,\text{ton} \times 26\,\text{m} = 1300\,\text{ton}\cdot\text{m}$

後方への積荷（船尾トリムになる）　$w \times d = 120\,\text{ton} \times 24\,\text{m} = 2880\,\text{ton}\cdot\text{m}$

トリムの変化　$t = \dfrac{\text{トリムモーメントの合計}}{\text{M.T.C.}}$

$ = \dfrac{1300\,\text{ton}\cdot\text{m} + 2880\,\text{ton}\cdot\text{m}}{80\,\text{ton}\cdot\text{m}} = 52.3\,\text{cm}$

船首トリムの変化（－）　$t_f = t \times \dfrac{L_f}{L} = 52.3\,\text{cm} \times \dfrac{71\,\text{m}}{130\,\text{m}} = 28.6\,\text{cm}$

船尾トリムの変化（＋）　$t_a = t \times \dfrac{L_a}{L} = 52.3\,\text{cm} \times \dfrac{59\,\text{m}}{130\,\text{m}} = 23.7\,\text{cm}$

新しい船首喫水　$d'_f = d_f + \delta - t_f = 8.3\,\text{m} + 0.047\,\text{m} - 0.286\,\text{m} = 8.06\,\text{m}$

新しい船尾喫水　$d'_a = d_a + \delta + t_a = 9.2\,\text{m} + 0.047\,\text{m} + 0.237\,\text{m} = 9.48\,\text{m}$

船首喫水：8.06m，船尾喫水：9.48m

参考文献

[1] 大下眞二郎『詳解 電気回路演習 上・下』共立出版
[2] 航海科口述試験研究会編『航海科三級口述標準テスト【二訂版】』海文堂出版
[3] (独)産業技術総合研究所 計量標準総合センター訳・監修「国際文書第8版(2006)国際単位系(SI)日本語版」https://www.nmij.jp/library/units/si/R8/SI8J.pdf
[4] 実教出版編集部編『工業高校生のための基礎数学』実教出版
[5] 鷹尾洋保『複素数のはなし』日科技連出版社
[6] 高遠節夫・斎藤斉ほか『新訂 微分積分Ⅰ』大日本図書
[7] 田中礎一編著『電子航海計器の解説』成山堂書店
[8] 東京海洋大学海技試験研究会編『海技士2N徹底攻略問題集』海文堂出版
[9] 野原威男原著・庄司邦昭著『航海造船学（二訂版)』海文堂出版
[10] 早川義一・岩瀬和夫・古橋邦夫・加藤一史・輿英樹・近藤有三・高橋等・富田孝行・林忠弘・前田吉丸『工業数理基礎』コロナ社
[11] 松原洋平『電気工事士のためのかんたん数学入門』オーム社
[12] 山下省蔵・中村豊久・岩城純・坂田安永・鈴山雅直・多胡賢太郎・當間喜久雄・藤田稔・北條敦子・森野安信『工業数理基礎』実教出版
[13] 都筑卓司『なっとくする物理数学』講談社

索　引

【アルファベット】
cos　*66, 85*
cos⁻¹　*74, 90*
CR 回路　*146*
FTC　*149*
GM　*167*
LR 回路　*146*
LRC 共振回路　*164*
SI　*47*
sin　*66, 85*
sin⁻¹　*74, 90*
tan　*66, 85*
tan⁻¹　*75, 90*

【あ】
圧力　*56*

【い】
1 次方程式　*27*
位置ベクトル　*103*
一般解　*151*
因数分解　*29*
インピーダンス　*166*

【う】
雨雪反射抑制　*149*
運動の法則　*115*
運動方程式　*115*

【お】
オイラーの公式　*154*
応力　*56*
オームの法則　*59, 143*

【か】
解の公式　*29*
角加速度　*122*
角周波数　*166*
角速度　*121*
角度の求め方　*90*
加減法　*28*
加算　*12*
加速度　*54, 118*
片対数グラフ　*24*
過渡状態　*148*
加法定理　*76*
慣性の法則　*115*

【き】
共振角周波数　*166*
共振現象　*165, 167*
共振周波数　*166*
極座標　*93*
極座標グラフ　*93*
虚数　*21*
ギリシャ文字　*37*
キルヒホッフの電圧の法則　*143*

【け】
桁数 *16*
減算 *12*

【こ】
コイル *142*
国際単位系 *47*
弧度法 *67*
コンデンサ *142*

【さ】
最接近距離 *106*
最接近時間 *106*
作用 *116*
作用・反作用の法則 *116*
三角関数 *85*
三角関数の合成の公式 *76, 157*
三角関数の倍角公式 *76*
三角比 *65*

【し】
時間 *52*
次元 *51*
仕事 *57*
仕事率 *57*
指数 *18*
指数法則 *18*
自然対数 *25*
実数 *21*
質量 *54*
時定数 *147*
乗算 *12*
小数 *16*
常用対数 *24*

初期条件 *144*
除算 *12*
真針路 *106*
真速力 *106*
振動現象 *141*
真風速 *105*

【す】
スラミング *167*

【せ】
正弦定理 *73*
斉次方程式 *151*
静水中の船舶動揺 *162*
整数 *11*
積分 *34*
積分因数 *141*
積分定数 *142*
積分特性 *148*
旋回性指数 *135*
線形1階微分方程式 *141*
線形2階微分方程式 *141, 150, 165*

【そ】
操縦性指数 *135, 150*
相対関係 *101*
相対針路 *96*
相対速度 *104*
相対速力 *106*
相対的な位置関係 *102*
相対風向 *105*
相対風速 *105*
相対ベクトル *103*
速度 *118*

索　引

速力三角形　*104*

【た】
第1象限　*86, 91, 92*
第2象限　*86, 91, 92, 94*
第3象限　*87, 92, 92, 95*
第4象限　*87, 92, 92, 95*
第一余弦定理　*73*
第二余弦定理　*73*
対数　*23*
体積　*31, 52*
代入法　*28*

【ち】
力　*55*
力のモーメント　*126*
直流電源　*142*
直交座標　*94*

【つ】
追従性指数　*136*

【て】
抵抗　*59, 142*
抵抗係数　*150*
定常状態　*148*
定積分　*35*
電圧　*58*
展開公式　*13*
電気回路　*142*
電流　*58*

【と】
導関数　*32*

同次方程式　*151*
特殊解　*153*

【な】
長さ　*51*

【に】
2次方程式　*28*

【は】
排水量　*124*
パーセント　*15*
バネ係数　*150*
速さ　*53*
反作用　*116*
繁分数　*15*

【ひ】
非斉次方程式　*159*
ピッチング　*167*
微分　*31*
微分特性　*148*
微分方程式　*141*

【ふ】
複素数　*21*
複素平面　*22*
船の固有周波数　*167*
浮力　*124*
分数　*13*
分配法則　*12*

【へ】
平方根　*19*

197

平面角　*52*
べき　*23*
ベクトル　*101*

【ほ】
方程式　*27*
補助方程式　*152*

【ま】
毎センチ排水トン数　*125*

【み】
密度　*54*

【め】
面積　*30, 51*

【も】
文字式　*12*

【ゆ】
有効数字　*16*

【よ】
余弦定理　*73*

横揺れ固有周期　*163*

【ら】
ラジアン　*67*

【り】
力学的振動系　*150*
量　*47*
量記号　*50*
両対数グラフ　*24*

【る】
累乗根　*20*

【れ】
レーダー　*93, 94*
レーダー極座標　*94*
レーダープロッティング　*110*
連立方程式　*27*

【ろ】
ログ　*23*

【わ】
割合　*15*

〈編者紹介〉

商船高専キャリア教育研究会

商船学科学生のより良きキャリアデザインを構想・研究することを目的に，2007年に結成。
富山・鳥羽・弓削・広島・大島の各商船高専に所属する教員有志が会員となって活動している。
2014年は富山高等専門学校が事務局を担当している。

連絡先：〒933-0293
　　　　富山県射水市海老江練合1-2
　　　　富山高等専門学校　商船学科　気付

ISBN978-4-303-11540-1

マリタイムカレッジシリーズ
商船学の数理－基礎と応用

2014年3月25日　初版発行　　　　　　　　　　　　　　　　Ⓒ 2014

編　者　商船高専キャリア教育研究会　　　　　　　　　検印省略
発行者　岡田節夫
発行所　海文堂出版株式会社
　　　　本　社　東京都文京区水道2-5-4（〒112-0005）
　　　　　　　　電話 03(3815)3291(代)　FAX 03(3815)3953
　　　　　　　　http://www.kaibundo.jp/
　　　　支　社　神戸市中央区元町通3-5-10（〒650-0022）
日本書籍出版協会会員・工学書協会会員・自然科学書協会会員

PRINTED IN JAPAN　　　　　　　　　印刷　田口整版／製本　小野寺製本

JCOPY ＜(社)出版者著作権管理機構　委託出版物＞
本書の無断複写は著作権法上での例外を除き禁じられています。複写される場合は、そのつど事前に、(社)出版者著作権管理機構（電話03-3513-6969，FAX 03-3513-6979，e-mail: info@jcopy.or.jp）の許諾を得てください。

図 書 案 内

船しごと、海しごと。

商船高専キャリア教育研究会 編
A5・224頁・定価（本体2,200円＋税）
ISBN978-4-303-11530-2
日本図書館協会選定図書

海、船にかかわる仕事がわかるガイドブック。「仕事って何だろう？」という第1講から始まり、海と船の基礎知識、船舶職員はもちろん海に関係がある様々な職業の紹介など、20講から構成。いろんな職場で活躍している12人の先輩たちからのメッセージも収録。それぞれの仕事のやりがいが伝わってくる。

＜マリタイムカレッジシリーズ＞
船舶の管理と運用

商船高専キャリア教育研究会 編
A5・160頁・定価（本体1,900円＋税）
ISBN978-4-303-24000-4

商船系高等専門学校の教員有志による、新時代の教科書「マリタイムカレッジシリーズ」第1弾。写真と図を多用した、見て分かる解説。〔目次〕①船の役割、②船の歴史、③船の種類と構造、④船の設備、⑤船体の保存と手入れ、⑥船用品とその取扱い、⑦舵とプロペラ、⑧性能に関する基礎知識、⑨錨泊、入港から出港までの操船

＜マリタイムカレッジシリーズ＞
Surfing English
（CD付）

池田恭子 編／KCC-JMC NCEC協力
A5・192頁・定価（本体2,400円＋税）
ISBN978-4-303-23345-7

ハワイ州カウアイ・コミュニティ・カレッジの先生と学生の協力のもとに作成された、10日間で集中的に中学校で学んだ英文法が復習できるテキスト。添付CDに収録されたサーフィンを中心にハワイの海や文化を題材としたストーリーを聞きながら楽しく学べる。カウアイ島の鳥たちの声や音楽も聞こえてきますよ。

＜マリタイムカレッジシリーズ＞
船の電機システム
～マリンエンジニアのための電気入門～

商船高専キャリア教育研究会 編
A5・224頁・定価（本体2,400円＋税）
ISBN978-4-303-31500-9

船舶運航に必要な電機システム、電気工学技術について、海技士国家試験に出題される内容を中心に解説。なるべく計算式を省き、図解により初等機関士として最低限必要な電気工学の知識が得られる。電気工学の基礎から電気技術応用まで、幅広い内容が網羅されており、機関士として乗船勤務した際にも活用できる。

はじめての船上英会話［二訂版］
（PowerPoint用DVD付）

商船高専海事英語研究会 編
A5・192頁・定価（本体2,600円＋税）
ISBN978-4-303-23341-9

座学・実習において習得すべき船内コミュニケーションフレーズと海事英語語彙をテーマごとに全31ユニットに整理。写真や図を多用して理解を助けるとともに、英語・海事の両面からポイントとなる部分については解説を加えた。添付のDVDには、全ユニットに対応した文字・音声・映像情報が収録されている。二訂版では、ロールプレイタスクおよびナレーションタスクを追加。

表示価格は2014年3月現在のものです。
目次などの詳しい内容はホームページでご覧いただけます。
http://www.kaibundo.jp/